电力企业**安全教育**读本

U0662168

供电企业级

安全知识

本书编写组 编

中国电力出版社
CHINA ELECTRIC POWER PRESS

内 容 提 要

为进一步提高电力员工的安全素质，减少其因知识欠缺而违章，帮助电力企业提高安全教育质量，特组织编写《电力企业安全教育读本》。本丛书具有针对电力企业员工三级安全教育、结合电力生产实际、详细分析事故案例、解读安全规程四大特点。

本书为《供电企业级安全知识》分册，主要讲述了供电企业安全生产基础知识、供电企业级安全生产工作相关规定、现场作业安全教育、电气安全工器具的使用与管理、消防安全、紧急救护等内容。

本书可供电力企业员工三级安全教育培训使用，也可作为新入职电力企业员工的学习资料。

图书在版编目（CIP）数据

供电企业级安全知识 /《供电企业级安全知识》编写组编. —北京：中国电力出版社，2017.1（2019.7重印）
电力企业安全教育读本
ISBN 978-7-5123-9692-0

Ⅰ. ①供… Ⅱ. ①供… Ⅲ. ①供电－工业企业－安全生产 Ⅳ. ①TM08

中国版本图书馆 CIP 数据核字（2016）第 201007 号

中国电力出版社出版、发行

（北京市东城区北京站西街 19 号 100005 http://www.cepp.sgcc.com.cn）
航远印刷有限公司印刷
各地新华书店经售

*

2017 年 1 月第一版 2019 年 7 月北京第二次印刷
850 毫米×1168 毫米 32 开本 5.75 印张 147 千字
印数 2001—3000 册 定价 **30.00** 元

前　言

　　安全是电力生产的永恒主题，电力生产的客观规律和电力在国民经济中的特殊地位决定了电力企业必须坚持"安全第一，预防为主，综合治理"的方针，以确保安全生产。

　　随着近年来我国经济的增长，电力需求越来越大，电网建设速度突飞猛进，电源结构调整不断优化，技术装备水平大幅提升，实现了跨越式发展，这对电力企业安全生产提出了更高的要求。为了进一步提高电力员工的安全素质，减少其因知识欠缺而违章，同时也帮助电力企业提高安全教育质量，特组织行业专家编写本套《电力企业安全教育读本》丛书。本丛书共分为 8 个分册，主要包括《发电企业级安全知识》《发电企业车间级安全知识》《发电企业班组级安全知识》《供电企业级安全知识》《变电工区级安全知识》《变电班组级安全知识》《输电工区级安全知识》《输电班组级安全知识》。

　　本丛书具有针对电力企业员工三级安全教育、结合电力生产实际、详细分析事故案例、解读安全规程四大特点。

　　本书为《供电企业级安全知识》分册，结合电力生产工作实际，从安全措施入手，详细介绍了供电企业级安全知识，包括供电企业安全生产基础知识、供电企业级安全生产工作相关规定、现场作业安全教育、电气安全工器具的使用与管理、消防安全、紧急救护等内容，并列举了习惯性违章及违反安全制度的事故案例。

本丛书可供电力企业员工三级安全教育培训使用，也可作为新入职电力员工的学习资料。

由于编写时间仓促，本丛书难免存在疏漏之处，恳请各位专家和读者提出宝贵意见，使之不断完善。

编　者
2016 年 11 月

目　录

第一章

供电企业安全生产基础知识

第一节　发电系统分类及介绍

人类利用的能源包括可供使用的自然资源和经过转换的二次能源。电力是二次能源，便于集中、传输、控制和转换成其他形式的能源，同时又是使用方便、清洁的能源，电的利用已遍及经济生活的各个方面，成为现代社会的必需品。传统的发电方式有火力发电、水力发电等，更加环保和清洁的发电方式还有风能发电、新能源发电、可再生能源发电及核能发电等。

一、火力发电

利用煤、石油、天然气等化石燃料发电称为火力发电。按发电方式，它可分为汽轮机发电、燃气轮机发电、内燃机发电和燃气-蒸汽联合循环发电，还有火电机组既供电又供热的"热电联产"。

火力发电厂（简称火电厂）由锅炉、汽轮机、发电机三大主要设备及相应辅助设备组成。煤由皮带输送到锅炉车间的煤斗，进入磨煤机磨成煤粉，然后与经过预热器预热的空气一起喷入炉内燃烧，将煤的化学能转换成热能。水在锅炉中加热后蒸发成蒸汽，具有规定压力和温度的蒸汽经过管道送入汽轮机，冲击汽轮机的转子，以额定速度旋转，将热能转换成机械能，带动与汽轮机同轴的发电机发电。发电机发出的电经变电站高压电气设备和输电线送往电网和用户。如图 1-1 所示为火力发电厂结构示意图。

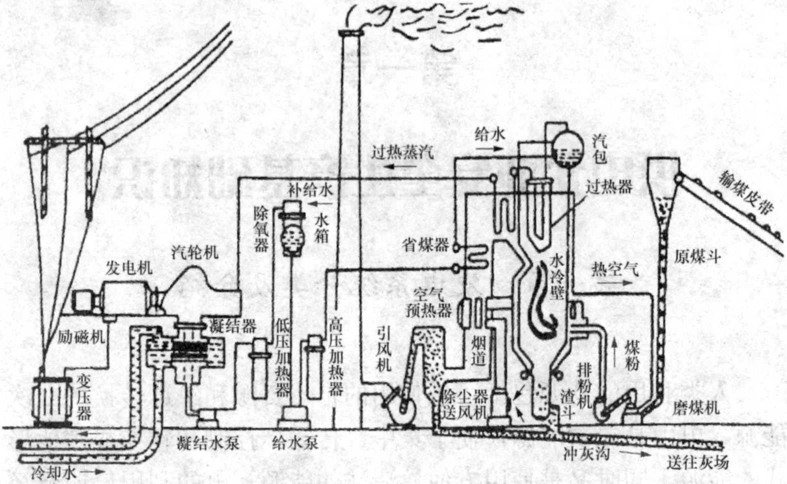

图1-1 火电厂结构示意图

二、水力发电

水能是最洁净的能源之一。利用水能最普遍的形式是水电站和潮汐发电站。可利用水流的流量、落差及海洋的潮汐能或者海洋热能、波浪能等发电。世界各国都竞相开发水力发电，作为电力工业的重要组成部分。

水力发电是利用江河水流从高处流到低处存在的位能进行发电。当江河的水由上游高水位，经过水轮机流向下游水位时，以所具流量和落差做功，推动水轮机旋转，带动发电机发出电力。水力发电站（简称水电站）由水工建筑物（大坝、引水建筑物和泄水建筑物等）、厂房、水轮发电机组以及变电站和送电设备组成，如图1-2所示。按集中落差方式的不同，水电站可区分为堤坝式、引水式和混合式等。但由于天然水能存在的状况不同，因此，水电站的形式多种多样。

海洋能发电目前成熟的只有潮汐发电，包括单库单向发电、

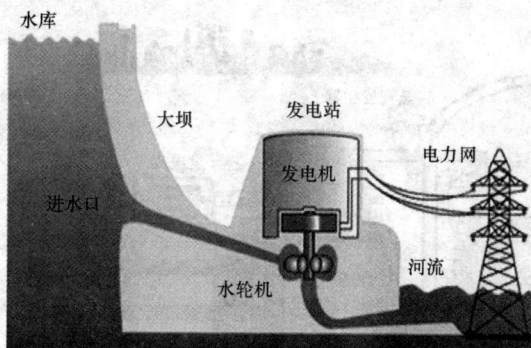

图 1-2　水电站结构示意图

单库双向发电、双库双向发电等。即在海湾（或河口）建造一个或多个水库，使水位与海潮位保持一定的潮差，利用水势落差，带动水轮发电机组发电。我国从 20 世纪 80 年代开始，在沿海各地区兴建了一批中小型潮汐发电站并投入运行。其中最大的潮汐电站是 1980 年 5 月建成的浙江温岭江厦潮汐电站，这也是世界上已建成的较大双向潮汐电站之一。

三、核能发电

核能发电是利用核反应堆中核裂变所释放出的热能进行发电的方式。它与火力发电极其相似，只是以核反应堆及蒸汽发生器来代替火力发电的锅炉，以核裂变能代替矿物燃料的化学能。核电站主要由核岛（主要是核蒸汽供应系统）、常规岛（主要是汽轮发电机组）和电厂配套设施三大部分组成。核燃料在反应堆内产生的裂变能，主要以热能的形式出现，它经过冷却剂的载带和转换，最终用蒸汽或气体驱动涡轮发电机组发电。核电站所有带强放射性的关键设备都安装在反应堆安全壳厂房内，以便在失水事故或其他严重事故下限制放射性物质外溢。为了保证堆芯核燃料在任何情况下等到冷却而免于烧毁熔化，核电站设置有多项安全系统。核电站结构如图 1-3 所示。

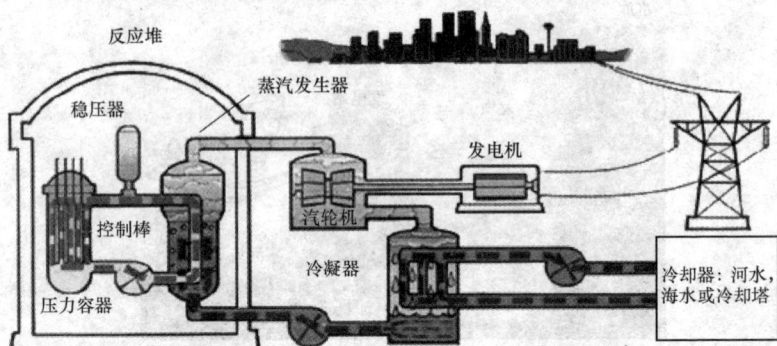

图 1-3 核电站结构示意图

四、风力发电

风力是一种清洁和可持续利用的能源，对环境没有任何污染，经济环保，成本较低。风力发电就是将空气流动的动能转变为电能。风力发电机组主要包括转子（回转叶片等）、升速装置、发电机、控制装置、调速系统以及支撑铁塔等。转子上的回转叶片受风力冲动，将风力转变为回转的机械力，通过升速装置驱动发电机发电。转子一般为立式，叶片数一般为 2～3 片，叶片的方向与风向垂直，通过升速装置、控制装置、启动和停机装置、调整风力装置及保护装置等来维持发电机定速回转，把风能转化为电能。支撑铁塔用来支撑和提高转子位置，使回转叶片能接受较大风速。风力发电站结构如图 1-4 所示。目前，中国国家电网并网风电装机容量超过 6400 万 kW，成为全球并网风电最多的电网。

五、地热能发电

地球内部蕴涵着巨大的热量，地表以下的温度随深度逐渐增高，大部分地区每深入 100m，温度增加 3℃。现在能被控制利用的地热能主要是地下热水、地热蒸汽和热岩层。地热发电分为 4 种方式：①直接利用蒸汽法：在干蒸汽田上，从热井喷出的是温度和压力都比较高的蒸汽，将其过滤后，直接用管道输入电厂驱动汽轮发电机组旋转发电。②汽水分离法：把从地热井喷出的蒸

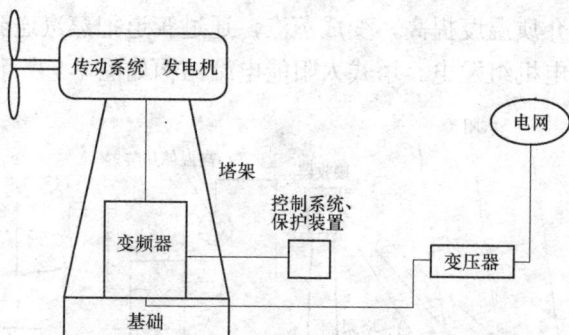

图 1-4　风力发电站结构示意图

汽和热水混合物引入汽水分离装置，将分离出的蒸汽送入汽轮机。③减压扩容法：把喷出（或用水泵抽出）的温度较高的热水导入扩容蒸发设备，由于压力降低，一部分水蒸发变为水蒸气，将蒸发出的水蒸气送入汽轮机。④低沸点工质法：以地下热水为放热物质，通过热交换器把热量传给低沸点的工质，使其沸腾并产生蒸汽，然后用这种蒸汽驱动汽轮发电机组。我国在地热发电方面，有西藏羊八井电站，装机容量达到 25MW。

六、太阳能发电

太阳每时每刻都进行着剧烈的核裂变和核聚变反应，从而产生大量的热。太阳能随处可得，不必远距离输送，而且是洁净的能源。由于这些独特的优点，太阳能发电作为新兴的产业正迅速发展。

太阳能发电系统可分为太阳能热发电和太阳能光发电两类。太阳能热发电就是利用太阳能将水加热，使产生的蒸汽去驱动汽轮发电机组。根据热电转换的方式不同，把太阳能电站分为集中型太阳能电站和分散型太阳能电站。

塔式太阳能电站是集中型的一种，即在地面上敷设大量的集热器（即反射器）阵列，在阵列中适当地点建一高塔，塔顶设置吸热器（即锅炉），从集热器来的阳光热聚集到吸热器上，吸热器内的工作介质温度提高，变成蒸汽，通过管道把蒸汽送到地面上的汽轮发电机组发电。塔式太阳能电站结构如图1-5所示。

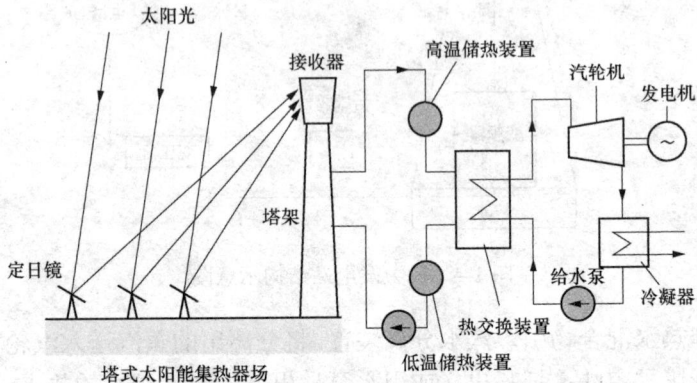

图1-5　塔式太阳能电站结构示意图

分散型太阳能电站的集热装置的特点是以一个镜体配合一个吸热器组成一个独立的单元。根据发电容量的设计要求，串、并联若干单元组成电站。

太阳能光发电是利用太阳能电池组，将太阳能直接转换为电能。太阳能电池由单晶硅或非晶硅薄膜制成，转换效率最多为10%～17%。将太阳电池能排成方阵，太阳能电池发出直流电，经过逆变器（将直流电变为交流电）、蓄电池和相应的调控设备，送入电网。

七、生物质发电

生物质发电是利用生物质所具有的生物质能进行的发电，是可再生能源发电的一种，包括农林废弃物直接燃烧发电、农林废弃物气化发电、垃圾焚烧发电、垃圾填埋气发电、沼气发电等。其发电形式有燃烧发电、混合发电、汽化发电等。

直接燃烧发电是将生物质在锅炉中直接燃烧，生产蒸汽带动蒸汽轮机及发电机发电，包括生物质原料预处理、锅炉防腐、锅炉的原料适用性及燃料效率、蒸汽轮机效率等技术。

混合发电是把生物质与煤混合作为燃料发电。混合燃烧方式主要有两种：一种是生物质直接与煤混合后投入燃烧；另一种是生物质汽化产生的燃气与煤混合燃烧，产生的蒸气一同送入汽轮机发电机组。

生物质汽化发电技术是指生物质在汽化炉中转化为气体燃料，经净化后直接进入燃气机中燃烧发电或者直接进入燃料电池发电。

沼气发电的主要原理是利用生活中的有机废弃物经厌氧发酵处理产生沼气，驱动发电机组发电。用于沼气发电的设备主要为内燃机。

垃圾发电包括垃圾焚烧发电和垃圾汽化发电。垃圾焚烧发电是利用垃圾在焚烧锅炉中燃烧放出的热量将水加热获得过热蒸汽，推动汽轮机带动发电机发电。垃圾汽化发电是把垃圾在高温下汽化和含碳灰渣在1300℃以上熔融汽化燃烧，产生的热量将水加热获得过热蒸汽，推动汽轮机带动发电机发电。由于垃圾处理彻底，过程洁净，并可以回收部分资源，垃圾汽化发电被认为是最具有前景的垃圾发电技术。

第二节　电网基本知识

一、概述

发电厂发出的电力只有通过输（变）电和配（变）电才能送给电力用户使用。输电指的是从发电厂向用电地区输送电力的主干渠道或不同电网之间互送电力的联络渠道；而配电则是消费电能地区将电力分配至用户的分配手段。所有输电设备连接起来组成输电网。从输电网到用户之间的配电设备组成的网络，称为配电网，也可称为输（变）电系统和配（变）电系统。输电和配电设施都包括变电站、线路等设备，将电压由低等级转变为高等级（升压）或由高等级转变为低等级（降压），然后才能送至用户，这也可称为变电系统，再加上发电厂和用电设备等统称为电力系统。

二、输（变）电系统

输（变）电系统是指由发电厂传输电力到输电网络之间的系统。其主要由高压电缆、铁塔（或水泥杆、木杆）及多组变电站组成。输（变）电系统通过提高电力传输过程中的电压，降低传输时的功率损耗，其主要内容是输电。输电是电力系统整体功能的重要组成环节，它和变电、配电、用电一起，构成电力系统的整体功能。发电厂与电力负荷中心通常都位于不同地区，通过输电可以将电能输送到远离发电厂的负荷中心，具有损耗小、效益高、灵活方便、易于调节控制、减少环境污染等优点。输电还可以将不同地点的发电厂连接起来，实行峰谷调节。输电是电能利用优越性的重要体现，在现代化社会中，它是重要的能源动脉。

（一）输电和输电线路

输电是用变压器将发电机输出的电能升压后，再经断路器等控制设备接入输电线路来实现。按结构形式，输电线路分为架空输电线路和地下线路。架空输电线路由线路杆塔、导线、绝缘子等构成，架设在地面之上。地下线路主要是电缆，敷设在地下（或水域下）。架空线路的架设及维修比较方便，成本也较低，但容易受到气象和环境的影响而引起故障，同时还有占用土地面积、造成电磁干扰等缺点。地下线路没有架空线路的缺点，但造价高，发现故障及检修维护等均不方便。用架空线路输电是最主要的方式。地下线路多用于架空线路架设困难的地区，如城市或特殊跨越地段的输电。

输电按所送电流性质可分为直流输电和交流输电。目前广泛应用的是三相交流输电，频率为 50Hz（或 60Hz）。近年发展起来的高压直流输电是将三相交流电通过换流站整流变成直流电，然后通过直流输电线路送往另一个换流站逆变成三相交流电的输电方式。它基本上由两个换流站和直流输电线组成，两个换流站与两端的交流系统相连接。直流输电线造价低于交流输电线路，但换流站造价却比交流变电站高得多。一般认为架空线路超过600～800km，电缆线路超过 40～60km，直流输电较交流输电经济。随着高电压大容量可控硅及控制保护技术的发展，换流设备造价逐渐降低，直流输电与交流输电相互配合，形成交、直流混合的电力系统。

输电的基本过程是创造条件使电磁能量沿着输电线路的方向传输。线路输电能力受到电磁场及电路各种规律的影响。以大地电位作为参考点（零电位），线路导线均需处于由电源所施加的高电压下，称为输电电压。在输电过程中，输电电压的高低根据输电容量和输电距离而定，一般原则是：容量越大，距离越远，输电电压就越高。远距离输电等级有 3、6、10、35、63、110、220、330、500、750kV 等 10 个等级。通常将 220kV 及以下的输电电压称为高压输电，330～765kV 等级的输电电压称为超高压输电，1000kV 及以上的输电电压称为特高压输电。提高输电电压，不仅可以增大输送容量，而且会降低输电成本、减少金属材料消耗、增加线路走廊利用率。

（二）变电（站）系统

变电站是改变电压的场所。为了把发电厂发出来的电能输送到较远的地方，必须把电压升高，变为高压电，到用户附近再按需要把电压降低，这种升降电压的工作靠变电站来完成。变电站的主要设备是开关设备和变压器。按规模大小不同，分为变电站和变电所，变电站大于变电所。变电所一般是电压等级在110kV 以下的降压变电站；变电站包括各种电压等级的升压、降压变电站。

变电站是把一些设备组装起来，用以切断或接通、改变或者调整电压，是输电和配电的集结点，是改变电压、控制和分配电能的场所。

变电站主要可分为：枢纽变电站、终端变电站；升压变电站、降压变电站等。它通过变压器将各级电压的电网联系起来。

变压器是变电站的主要设备，分为双绕组变压器、三绕组变压器和自耦变压器。变压器按其作用可分为升压变压器和降压变压器，前者用于电力系统送端变电站，后者用于受端变电站。变压器的电压需与电力系统的电压相适应。为了在不同负荷情况下保持合格的电压，有时需要切换变压器的分接头。按分接头切换方式，变压器有带负荷有载调压变压器和无负荷无载调压变压器。有载调压变压器主要用于受端变电站。

电压互感器和电流互感器的工作原理和变压器相似，它们把高电压设备和母线的运行电压、大电流，即设备和母线的负荷或短路电流按规定比例变成测量仪表、继电保护及控制设备的低电压和小电流。在额定运行情况下电压互感器二次电压为100V，电流互感器二次电流为5A或1A。

开关设备包括断路器、隔离开关、负荷开关、高压熔断器等，都是用于断开和合上电路的设备。断路器在电力系统正常运行情况下用来合上和断开电路，故障时在继电保护装置控制下自动把故障设备和线路断开，还可以有自动重合闸功能。在中国，220kV以上变电站使用较多的是空气断路器和六氟化硫断路器。

隔离开关的主要作用是在设备或线路检修时隔离电压，以保证安全。它不能断开负荷电流和短路电流，应与断路器配合使用。在停电时应先拉断路器后拉隔离开关，送电时应先合隔离开关后合断路器。如果误操作可能会引起设备损坏和人身伤亡。

负荷开关能在正常运行时断开负荷电流，它没有断开故障电流的能力，一般与高压熔断器配合用于10kV及以上不经常操作的变压器或出线上。

为了减少变电站的占地面积，六氟化硫全封闭组合电器（GIS）得到广泛应用。它把断路器、隔离开关、母线、接地开关、互感器、出线套管或电缆终端头等分别装在各自密封间中，集中组成一个整体外壳，并充以六氟化硫气体作为绝缘介质。这种组合电器具有结构紧凑、体积小、质量轻、不受大气条件影响、检修间隔长、无触电事故和电噪声干扰等优点，但缺点是价格较贵、制造和检修工艺要求高。

变电站还装有防雷设备，主要有避雷针和避雷器。避雷针是为了防止变电站遭受直接雷击，将雷电对其自身放电并把雷电流引入大地。在变电站附近的线路上落雷时雷电波会沿导线进入变电站，产生过电压。另外，断路器操作等也会引起过电压。避雷器的作用是当过电压超过一定限值时，自动对地放电从而降低电压，保护设备，放电后又迅速自动灭弧，保证系统正常运行。

三、配电系统

将电力系统中从降压配电变电站（高压配电变电站）出口到用户端的这一段系统称为配电系统。配电系统是由多种配电设备（或元件）和配电设施所组成的变换电压和直接向终端用户分配电能的电力网络系统。配电系统可划分为高压配电系统、中压配电系统和低压配电系统三部分。由于配电系统作为电力系统的最后一个环节直接面向终端用户，它的完善与否直接关系着广大用户的用电可靠性和用电质量，因而在电力系统中具有重要的地位。220kV 及以上电压为输电系统，35、63、110kV 为高压配电系统，10、6kV 为中压配电系统，380、220V 为低压配电系统。

配电系统中常用的交流供电方式有：①三相三线制，分为三角形接线（用于高压配电，三相 220V 电动机和照明）和星形接线（用于高压配电、三相 380V 电动机）。②三相四线制，用于380/220V 低压动力与照明混合配电。③三相二线一地制，多用于农村配电。④三相单线制，常用于电气铁路牵引供电。⑤单相二线制，主要供应居民用电。

配电系统常用的直流供电方式有：①二线制，用于城市无轨电车、地铁机车、矿山牵引机车等的供电。②三线制，用于发电厂、变电站、配电所自用电和二次设备用电，电解和电镀用电。

一次配电网络是从配电变电所引出线到配电变电所（或配电所）入口之间的网络，又称高压配电网络。电压通常为 6～10kV，城市多使用 10kV 配电，现已开始采用 20kV 配电方案。由配电变电所引出的一次配电线路的主干部分称为干线，由干线分出的部分称为支线，支线上接有配电变压器。一次配电网络的接线方式有放射式与环式两种。

二次配电网络是由配电变压器次级引出线到用户入户线之间的线路、元件所组成的系统，又称低压配电网络。接线方式除放射式和环式外，城市的重要用户可用双回线接线，用电负荷密度高的市区则采用网格式接线。这种网络由多条一次配电干线供电，通过配电变压器降压后，经低压熔断器与二次配电网相连。由于二次系统中相邻的配电变电器初级接到不同的一次配电干线，可避免因一次配电线故障而导致市中心区停电。

配电线路按结构有架空线路和地下电缆。农村和中小城市可用架空线路，大城市（特别是市中心区）、旅游区、居民小区等应采用地下电缆。

根据《城市电力网规定设计规则》规定：输电网为 500、330、220、110kV，高压配电网为 110、66kV，中压配电网为 20、10、6kV，低压配电网为 0.4kV（220/380V）。发电厂发出 6kV 或 10kV 电，除发电厂自己用（厂用电）之外，也可以用 10kV 电压送给发电厂附近用户，10kV 供电范围为 10km，35kV 为 20～50km，66kV 为 30～100km，110kV 为 50～150km，220kV 为 100～300km，330kV 为 200～600km，500kV 为 150～850km。

四、电力系统

电力系统是由发电、变电、输电、配电和用电等环节组成的电能生产与消费系统。其功能是将自然界的一次能源通过发电动力装置（主要包括锅炉、汽轮机、发电机及电厂辅助生产系统等）转化成电能，再经输电、变电系统及配电系统将电能供应到各负荷中心，通过各种设备再转换成动力、热、光等不同形式的能量，为地区经济和人民生活服务。由于电源点与负荷中心多数处于不同地区，也无法大量储存，故其生产、输送、分配和消费都在同一时间内完成，并在同一地域内有机地组成一个整体，电能生产必须时刻保持与消费平衡。因此，电能的集中开发与分散使用，以及电能的连续供应与负荷的随机变化，制约了电力系统的结构和运行。电力系统要实现其功能，就需在各个环节和不同层次设置相应的信息与控制系统，以便对电能的生产和输运过程进行测量、调节、控制、保护、通信和调度，确保用户获得安全、经济、优质的电能。

1. 系统构成

电力系统的主体结构有电源、电力网络和负荷中心。电源指各类发电厂、站，它将一次能源转换成电能。电力网络由电源的升压变电站、输电线路、负荷中心变电站、配电线路等构成，它的功能是将电源发出的电能升压到一定等级后输送到负荷中心变电站，再降压至一定等级后，经配电线路与用户相联。为保证系统安全、稳定、经济地运行，必须在不同层次上依不同要求配置各类自动控制装置与通信系统，组成信息与控制子系统，它成为实现电力系统信息传递的神经网络，使电力系统具有可观测性与可控性，从而保证电能生产与消费过程的正常进行以及事故状态下的紧急处理。

2. 系统调度

电能生产、供应、使用是在瞬间完成的，并需保持平衡。因此，需要有一个统一的调度指挥系统以实现正常调整与经济运行，以及进行安全控制、预防和处理事故等。根据电力系统的规模，调度指挥系统多是分层次建立，既分工负责，又统一指挥、协调，并采用各种自动化装置，建立自动化调度系统。这一系统实行分级调度、分层控制。其主要工作有：①预测用电负荷；②分派发电任务，确定运行方式，安排运行计划；③对全系统进行安全监测和安全分析；④指挥操作，处理事故。完成上述工作的主要工具是电子计算机。

3. 系统规划

电能是二次能源。电力系统的建设不仅需要大量投资，而且需要较长时间。电能供应不足或供电不可靠都会影响国民经济的发展，甚至造成严重的经济损失。因此，必须进行电力系统的全面规划，以提高发展电力系统的预见性和科学性。

制订电力系统规划首先必须依据国民经济发展的趋势（或计划），做好电力负荷预测及一次能源开发布局，然后再综合考虑可靠性与经济性的要求，分别做出电源发展规划、电力网络规划和配电规划。

在电力系统规划中，需综合考虑可靠性与经济性，以取得合理的投资平衡。电力系统是一个庞大而复杂的大系统，它的规划问题还需要在时间上展开，从多种可行方案中进行优选。大型电力系统对国民经济的影响极大，所以制订电力系统规划必须注意其科学性、预见性。根据历史数据和规划期间的电力负荷增长趋势做好电力负荷预测，在此基础上按照能源布局制订好电源规划、电网规划、网络互联规划、配电规划等。

4. 系统运行

系统运行指组成系统的所有环节都处于执行其功能的状态。系统运行中，由于电力负荷的随机变化以及外界的各种干扰（如雷击等）会影响电力系统的稳定，导致系统电压与频率的波动，从而影响系统电能的质量，严重时会造成电压崩溃或频率崩溃。电力系统的运行常用运行状态来描述，主要分为正常状态和异常状态。正常状态又分为安全状态和警戒状态，异常状态又分为紧急状态和恢复状态。电力系统运行包括了所有这些状态及其相互间的转移。各种运行状态之间的转移，需通过控制手段来实现，如预防性控制、校正控制和稳定控制、紧急控制、恢复控制等，这些统称为安全控制。电力系统在保证电能质量、安全可靠供电的前提下，还应实现经济运行，即努力调整负荷曲线，提高设备利用率，合理利用各种动力资源，降低煤耗、厂用电和网络损耗，以取得最佳经济效益。

安全状态：指电力系统的频率、各点的电压、各元件的负荷均处于规定的允许值范围，当系统由于负荷变动或出现故障而引起扰动时，仍不致脱离正常运行状态。由于电能的发、输、用在任何瞬间都必须保证平衡，而用电负荷又是随时变化的，因此，安全状态实际上是一种动态平衡，必须通过正常的调整控制（包括频率和电压，即有功和无功调整）才能得以保持。

警戒状态：指系统整体仍处于安全规定的范围，但个别元件或局部网络的运行参数已临近安全范围的阈值。一旦发生扰动，系统就会脱离正常状态而进入紧急状态。处于警戒状态时，应采取预防控制措施使之返回安全状态。

紧急状态：指正常状态的电力系统受到扰动后，一些快速的保护和控制已经起作用，但系统中某些枢纽点的电压仍偏移，超过了允许范围；或某些元件的负荷超过了安全限制，使系统处于危机状况。紧急状态下的电力系统，应尽快采用各种校正控制和稳定控制措施，使系统恢复到正常状态。如果无效，就应按照对用户影响最小的原则，采取紧急控制措施，使系统进入恢复状态，这类措施包括使系统解列（即整个系统分解为若干局部系统，其中某些局部系统不能正常供电）和切除部分负荷（此时系统尚未解列，但不能满足全部负荷要求，只得去掉部分负荷）。在这种情况下再采取恢复控制措施，使系统返回正常运行状态。

5. 系统负荷

电力系统中所有用电设备消耗的功率称为电力系统的负荷。其中把电能转换为其他能量形式（如机械能、光能、热能等），并在用电设备中真实消耗掉的功率称为有功功率。电动机带动风机、水泵、机床和轧钢设备等机械，将电能转换为机械能还要消耗无功。例如，异步电动机要带动机械，其定子中需要产生磁场，通过电磁感应转子中感应出电流，转子转动，从而带动机械运转。

这种为产生磁场所消耗的功率称为无功功率。因此，没有无功，电动机就转不动，变压器也不能转换电压，无功功率和有功功率同样重要。电力系统负荷包括有功功率和无功功率，其全部功率称为视在功率，等于电压和电流的乘积（单位千伏安）。有功功率与视在功率的比值称为功率因数。电力系统负荷随时间而不断变化，具有随机性，其变化情况用负荷曲线来表示。通常有日负荷曲线、月负荷曲线（周负荷曲线）、年负荷曲线。年负荷曲线表示的是每月的最高负荷值。日负荷曲线是将电力系统每日 24h 的负荷绘制成的曲线。日负荷曲线中负荷曲线的最高点为日最大负荷（又称为高峰负荷），负荷曲线的最低点称为最小负荷（又称为低谷负荷），它们是一天内负荷变化的两个极限值，高峰负荷与低谷负荷之差称为峰谷。峰谷差越大，电力调峰的难度也越大。根据负荷曲线可求出日平均负荷。日平均负荷与最高负荷的百分比值，称为负荷率。负荷率高，则设备利用率高。最小负荷水平线以下部分称为基荷；平均负荷水平线以上的部分为峰荷；最小负荷与平均负荷之间的部分称为腰荷。为了满足系统负荷的需要，应进行负荷预测工作，绘制不同用途的负荷曲线。

6. 系统稳定性

电力系统稳定性包括静态稳定、暂态稳定和动态稳定。静态稳定是指电力系统受到小干扰后，不发生非周期性的失步，自动恢复到起始运行状态的能力；暂态稳定指的是电力系统受到大干扰后，各发电机保持同步运行并过渡到新的或回复到原来稳定运行状态的能力；动态稳定是指电力系统受到干扰后，不发生振幅不断增大的震荡而失步。远距离输电线路的输电能力受这三种稳定能力的限制，有一个极限，既不能等于或超过静态稳定极限，也不能超过暂态稳定极限和动态稳定极限。提高电力系统稳定的措施可分为两大类：一类是加强网架结构；另一类是提高系统稳定性和采用保护装置。

（1）加强电网网架，提高系统稳定性。线路输送功率能力与线路两端电压之积成正比，而与线路阻抗成反比。减少线路电抗和维持电压，可提高系统稳定性。增加输电线回路数、采用紧凑型线路，都可减少线路阻抗。

（2）电力系统稳定性控制和保护装置。提高电力系统稳定性可包括两个方面：一是失去稳定前，采取措施提高系统的稳定性；二是失去稳定后，采取措施重新恢复新的稳定运行。其方法如下：

1）发电机励磁系统及控制。发电机励磁系统是电力系统正常运行必不可少的重要设备，同时，在故障状态能快速调节发电机机端电压，促进电压、电磁功率摆动的快速平息。这样可同时提高静态、暂态和动态稳定性。

2）电气制动及其控制装置。在系统发生故障瞬间，送端发电机输出电磁功率下降，而原动机功率不变，产生过剩功率，发电机与系统间的功角加大，如不采取措施，发电机将失步。在短路瞬间投入与发电机并联的制动电阻，吸收剩余功率（即电气制动），是一种有效的提高暂态稳定的措施。

3）快关汽门及其控制。在系统发生故障时，另一项减少功率不平衡的措施是快关汽门，以减少发电机输入功率。用控制汽轮机的中间阀门实现快关汽门可有效提高暂态稳定性。

此外，也可在送端切机，同时在受端切负荷来提高整个系统的稳定性，以保证绝大多数用户的连续供电。

4）继电保护及重合闸装置。这是提高电力系统暂态稳定性的有效措施之一。对继电保护的要求是：无故障时保护装置不误动，发生故障时可靠动作。应正确选择继电保护装置，快速切除故障，以使电力系统尽快恢复正常运行状态。高压线路上发生的大多数故障是瞬时性短路故障。继电保护装置动作，跳断路器、断开线路，使线路处于无电压状态，电弧就能自动熄灭，在绝缘恢复后，重新将断开的线路投入，恢复供电，这种自动重合断路器的行为称为自动重合闸。自动重合闸分为单相和三相重合闸。

7. 电力系统安全控制

电力系统安全控制的目的是采取各种措施使系统尽可能运行在正常运行状态。在正常运行状态下，通过制订运行计划和运用计算机监控系统，实时进行电力系统运行信息的收集和处理、在线安全监视和安全分析等，使系统处于最优的正常运行状态。同时，在正常运行时，确定各项预防性控制，以提高应对紧急状态的能力。这些控制内容包括：调整发电机出力、切换网络和负荷、调整潮流、改变保护整定值、切换变压器分接头等。

当电力系统出现故障进入紧急状态后，则靠紧急控制来处理。这些控制措施包括继电保护装置和各种稳定控制装置。通过紧急控制将系统恢复到正常状态或事故后状态。当系统处于事故后状态时，还需要用恢复控制手段，使其重新进入正常运行状态。

8. 计算机监控系统

电力系统计算机监控系统是由计算机硬件、软件、远动和信道所组成的一项复杂的系统工程，系统工程各个部分相互有机配合，缺一不可。其优点是：

（1）经济性高。利用计算机实现在线经济调度可以合理利用一次能源资源，降低全系统的发电成本和网耗。

（2）安全性高。利用配置彩色屏幕显示器的计算机可以随时监视电力系统的运行情况。当发生事故时可以及时处理，有助于防止事故扩大，减少停电损失。

（3）提高运行质量。利用计算机实现自动发电控制（AGC），可以自动维持频率不变，保持联络线功率为事先安排的数值；利用计算机实现无功—电压调节可显著提高全电网的电压质量。

（4）运行记录自动化。自动记录电力系统的正常运行情况、事故运行情况和事故的顺序事件记录，有助于事故分析，还可减轻运行人员的重复劳动。

五、供用电

用电就是按预定的目的，把电能转换为其他形式的能量，消耗电能的行为。电力工业发展的目标就是适应社会发展和人民生活水平提高的需要，提供充足、可靠、优质的电能，并采取技术的、经济的有效措施，更有效地利用电能。

（一）电能质量

1. 频率质量

频率是电力系统统一的运行参数，一个电力系统只有一个频率。我国和世界上大多数国家电力系统的额定频率为 50Hz。大多数国家规定频率偏差在±（0.1～0.3）Hz 之间。我国 300 万 kW以上电力系统的频率偏差规定不得超过±0.2Hz；而 300 万 kW 以下的小容量电力系统的频率偏差规定不得超过±0.5Hz。超过允许的频率偏差，大机组将跳闸，不利于系统的安全稳定运行。

频率变化的原因是发电机发出的功率与用电设备及送电设备消耗的功率不平衡，将引起电力系统频率变化。当系统负荷超过或低于发电厂的出力时，系统频率就要降低或升高，发电厂出力的变化同样也将引起频率的变化。在系统有旋转备用容量（运行备用容量）的情况下，发电厂出力能通过频率调节器较快地适应负荷的变化，因此负荷变化引起的频率偏差值较小。若没有旋转备用容量，负荷增大引起的频率下降较大。电力系统的负荷始终随时间在不断地变化，要随时保持发电厂的有功功率与用户用功功率的平衡，维持系统频率恒定，因此，电力系统应具有一定的旋转备用容量，一般运行备用容量要求达到 1%～3%。

2. 电压质量

我国对用电单位的供电额定电压及容许偏差规定为：①低电压 220/380V，用于照明用户时允许偏差为＋5%～－10%，用于其他为±7%。②高电压 10kV，10kV 及以下允许偏差为±7%；对特殊用户有 35、110kV 供电的，允许偏差为±5%。

电压偏离额定值的原因是电能通过变压器和线路输送将产生电压降，使受电端电压较送电端电压低一定数值。一般情况下，离电源越近、负荷越小的用户，电压降越小；反之，电压降越大。

用户消耗的功率包括有功和无功。如果用户所需无功经变压器和线路送来，则会发生较大的电压降，使用户电压偏低，用户吸收的无功越大，则用户端的电压越低。用户的用电功率因数将直接影响用户本身的电压质量。用电设备低电压运行会造成用电器电流过大、温度过高、线路损耗增加、线路电压降加大等危害，从而使受电地区电压下降，进一步造成线路电压降增加，如此循环下去，将导致甩掉大量负荷，造成大面积停电。

3. 电压的不对称性

在现代的用电设备中，存在换流-整流设备、变频-调速设备、电弧炉、电器机车、电视机等非线性负荷，它们不但引起电压波动，而且造成电压的不对称性和非正弦性。电压的不对称性系指三相电压间的不对称。根据对称分量法，不对称的三相电压可分解为对称的正序、负序和零序分量。

4. 电压的非正弦性

电压的非正弦性是指电压波形的畸变。我国对供电的谐波电压和电流允许值做了规定。以 10kV 的电网为例，总的电压谐波畸变率（GHD）应小于 4%，奇次谐波应小于 3.2%，偶次谐波应小于 1.6%。用户和供电部门必须共同努力才能保证电网谐波在允许范围。电网谐波如果得不到治理，将导致电气设备寿命缩短、网损增加、仪表指示不准、干扰通信线路，甚至引起继电保护和自动装置误动。

（二）供电可靠性

供电可靠性是供电的重要指标。电力系统从发电厂、变电站、输配电线路到电力用户，有大量电力设备及其控制和保护装置，它们分布在各种不同的环境和地区，可能发生不同类型的故障或事故，影响电力系统正常运行和对用户的正常供电。各种故障和事故造成的用户停电，会给工农业生产和人民生活造成不同程度的损失。一般说来会造成产量下降、质量降低，严重时会造成设备损坏，造成重大损失。停电还可能威胁人身安全，如煤矿矿井、电梯、医院手术照明等的停电，且给社会造成一定的经济损失。提高供电可靠性的措施包括：

（1）合理配置继电保护装置，包括高低压用电设备的熔丝保护及保护整定值的配合。当电气设备发生事故时，用保护装置迅速切断故障，使事故影响限制在最低的范围。

（2）采用安全自动装置。例如，在变电站装设低频率自动减负荷装置，当系统频率降低到一定数值时，自动断开某些配电线路的断路器，切除部分不重要负荷，使电力系统出力与用电负荷平衡，频率迅速恢复正常，以确保重要用户的连续供电。提高供电可靠性的自动装置还有高压线路的自动重合闸、自动解列装置、按功率或电压稳定极限的自动切负荷装置等。

（3）提高供电设备的可靠性，首先要选用高度可靠的供电设备，其次要做好供电设备的维护工作，防止各种可能的误操作。

（4）提高送电线路和变电站主接线的可靠性。向城市和工业地区供电的变电站应采用双回线，以不同的电源供电。重要的用户亦要采用双电源供电。双回线供电与单回线供电相比，可靠性要高得多。

（5）配（供）电管理系统。采用配电系统计算机监控和信息管理系统，不仅能提高供电可靠性，而且具有显著经济效益。配电系统正在向综合化和智能化方向发展，它是一个以电力系统中的配电系统直至用户为控制与管理对象，具备数据采集与监视（SCADA）、负荷控制与管理、自动绘制地图与设备管理、工作顺序管理和网络分析等功能的计算机控制系统。

（三）电力负荷控制

电力负荷控制不仅是配电自动化的组成部分，而且是负荷管理的技术手段。其目的是利用合理的峰谷电价差别，调动广大用户参加电力系统调峰。它是利用自动控制技术，由供电公司远方控制部分用电设备开关的关断，使用户尽可能避开日高峰时段用电，移到低谷用电，起到系统削峰填谷的作用的技术措施，不影响用户的工作和生活环境。进行电力负荷控制，对供电部门来说，在保证供电和用电电量平衡的情况下，可以少装发电机组，提高现有发电设备的利用率；对用户来说，用同样多的电量可少花钱。因此，电力负荷控制对供、用电双方都有明显的经济效益。我国电力供应不足，发电厂发出的电力和电量不能完全满足用户的需要。在这种情况下，电力负荷控制除承担调峰功能外，主要是计划用电，即在一定时间内限制用电的技术手段，避免采用拉闸的办法分区停电，以免影响重要用户或大用户内重要负荷的电力供应，确保电网安全。

第二章

供电企业级安全生产工作相关规定

第一节 电力安全生产工作相关规定

电力企业安全生产不仅关系到经济的可持续发展，而且也和人民的生活利益息息相关，安全生产是电力企业的根本，也是电力企业生存和发展的基石。虽然电力安全生产已经走向良性循环，但由于电力企业是设备密集型和技术密集型企业，设备数量大、自动化程度较高，生产过程中容易出现各种安全问题，严重危及电力设备及人身安全，甚至会危及社会用电的安全性以及国家发展，所以在生产过程中必须严格遵守电力安全生产工作的相关规定，务必做到安全生产。

一、安全总则

电力生产企业及其主管部门必须有健全的安全保证体系和安全监察体系，贯彻"管生产必须管安全"的原则，严格执行国家和电力行业的有关法规、标准、规定、规程、制度，规范企业的行为，使安全生产工作实现规范化、标准化，在各自主管的工作范围内，围绕统一的部署，发挥各方面的积极性，共同搞好安全工作。

二、安全目标

电力安全生产的总体目标是防止发生对社会构成重大影响、对生产力发展构成重大损失以及对国有资产保值、增值构成重大损失的六种事故：人身死亡、重大火灾、大面积停电、电网瓦解、电厂垮坝、主设备严重损坏等。各公司的安全目标是：不发生特别重大事故；不发生有人员责任的重大事故；不发生人身死亡事故。

电力生产企业、车间（工区）、班组的安全目标是：①企业控制重伤和事故，不发生人身死亡和重大设备事故；发、输、变、配电事故率、机组非计划停运次数、可用系数及供电可靠率均符合上级要求。②车间（工区）控制障碍和轻伤，不发生重伤和事故。③班组控制异常和未遂，不发生障碍和轻伤。

三、安全目标的具体措施

（一）安全责任制

各级领导、各个部门、各个岗位为保证安全生产，必须制订明确的安全职责，做到各负其责，密切配合，调动一切积极因素，从各个方面为安全生产创造条件。

各级行政正职（安全责任者）对实现安全生产目标和本单位安全工作全面负责，其到位标准主要是：

（1）负责建立健全并贯彻落实本单位各级安全责任制，亲自批阅上级主管单位有关安全生产的综合性指令、文件，并组织落实，负责及时协调和解决各部门在贯彻落实上出现的问题。

（2）亲自主持定期安全生产会议，听取安全监察部门的汇报，及时掌握本单位基本安全情况，及时组织研究解决安全生产中的重大问题。

（3）按规定主持或参加事故的调查、处理，定期进行生产现场巡视检查，掌握一线实际情况，听取职工对安全生产的意见和建议。

各级行政副职必须做好各自分管范围内的安全工作，并承担相应的安全责任，其到位标准主要是：

（1）负责分管单位、部门安全责任制的贯彻落实。

（2）负责正确处理分管单位工作中生产与安全的关系，保证不发生严重失误而导致安全生产出现重大问题。

（3）亲自批阅分管范围内有关安全生产的文件，结合实际情况，提出具体要求并组织落实。

（4）定期主持安全生产会议，及时研究解决安全生产中的重大问题。

（二）规程制度

必须严格贯彻执行有关安全生产法规、标准、规定、规程、制度、反事故技术措施等，建立健全各项安全生产规程制度。

（1）根据上级颁发的法规、典型技术规程、制度、反事故技术措施和设备制造说明，编订本单位各类设备的现场运行规程、制度，经专业审查、总工程师批准后执行。

（2）根据上级颁发的检修规程、制度，制订本单位的检修管理制度；根据典型技术规程和设备制造说明，制定主辅设备的检修工艺规程和质量标准，经专业审查、总工程师批准后执行。

（3）根据国务院颁发的《电网调度管理条例》和上级颁发的调度规程，制订本系统的调度规程，经本部门总工程师审查、报主管部门批准后，在本系统内执行。

（4）各单位安全生产规章制度，不得与上级规定相抵触，不得降低上级规定的安全要求。安全工作规程、现场运行规程、检修工艺规程、质量标准和调度规程，在电力生产中必须严格执行，各级领导人员应以身作则，带头执行。电力生产企业必须严格执行"两票三制"（"两票"指工作票、操作票，"三制"指交接班、巡回检查、设备定期试验轮换制度）和设备缺陷管理等保证安全生产的基本制度，在执行上必须严肃、认真、准确、及时，做好执行标准化、规范化。

（三）教育培训考核

1. 新入厂的生产人员培训

新入厂的生产人员，必须经厂（局、公司）、车间（工区）和班组三级入厂安全教育，并经《国家电网公司电力安全工作规程》（简称《安规》）考试合格后方可进入生产现场。新上岗人员必须经过下列培训，并经考试合格方可持证上岗：

（1）新的运行人员和调度人员（含技术人员），必须经过现场规程制度的学习，现场见习、仿真机培训合格。

（2）新的检修、试验人员（含技术人员），必须经过检修、试验规程制度的学习和跟班实习的培训步骤。

（3）国家规定的特种作业（操作）人员，必须经过有关专业培训。

2. 在岗生产人员的培训

（1）在岗生产人员应按规定进行有针对性的现场考问、反事故演习、技术问答、事故预想等现场培训活动。

（2）在岗的 200MW 及以上机组的主要岗位运行人员，每年应经仿真机培训复习，熟练掌握正确的操作调整程序和故障判断处理方法。

（3）离开运行岗位一个月及以上的值班人员，必须经过熟悉设备系统，熟悉运行方式的跟班实习，并经《国家电网公司电力安全工作规程》考试合格后，方可再上岗工作。

（4）各岗位生产人员，必须熟练掌握有关触电现场急救、心肺复苏和紧急救护、消防器材使用的方法。

（5）新任命的各级生产领导人员，应经有关安全的方针政策、规程制度和岗位安全职责的学习，并经考试合格后，方可上岗工作。特殊情况下，上岗前未经考试的个别领导人员也应在上岗两个月内进行考试。

各级管理人员及特种作业（操作）人员必须按规定要求，定期进行安全规程制度的考试，国家电网公司各分部及电力生产企业和调度部门等上级单位应根据情况对一线人员的安全考试进行抽考，如抽考成绩与定期考试成绩差距较大时，应重新进行考试，并追究有关领导人员的责任。电力生产企业的调度部门每年应对工作票签发人、工作负责人、工作许可人进行培训，经考试合格后，以正式文件公布有资格担任工作票签发人、工作负责人、工作许可人的人员名单。安全规程制度的考试成绩应记入培训档案，并与工资奖励挂钩。生产人员考试不及格的应限期补考，合格后方可上岗工作。对违反规程制度造成事故、一类障碍和严重未遂事故的责任者，除严格按有关规定处理外，还应责成学习有关规程制度，并经考试合格后，方可上岗工作。电力生产企业应运用安全录像、幻灯、电视、广播、板报、实物、图片展览，以及安全知识考试、安全演讲、竞赛等多种形式宣传、普及安全技术知识，进行针对性、形象化的培训教育，提高职工的安全意识和自我防护能力。电力生产企业设置安全教育室，用典型事故实例、实物等对新入厂人员、在职人员等进行安全教育。

国家电网公司各分部及电力生产企业所属职工大学、中等专业学校、技工学校，应增设安全技术专业课程，并通过实习使学生懂得安全生产要有高度责任心和遵章守纪习惯的要求。

（四）安全检查

电力生产企业应根据情况进行定期和不定期安全检查，查思想、查规程制度、查隐患、查薄弱环节。安全检查前应明确检查重点，编制检查提纲或"安全检查表"，经主管领导审核批准后执行。安全检查应贯彻"边检查、边整改"的原则，一时没有条件解决的问题，应制订整改计划，责成专人限期解决，对发现的重大及以上隐患，领导要组织评估并尽快决定治理方案和应急措施等，并编写安全简报，定期和不定期通报安全经验和事故教训。每月综合安全情况，分析事故规律，及时反馈事故信息和落实防范措施。电力生产企业每年应编制下一年度的反事故措施计划（简称反措计划）和安全技术劳动保护措施计划（简称安措计划）。年度反措计划应由分管生产的领导组织，专业技术部门为主，安全监察部门参加，根据上级颁发的反事故技术措施、需要消除的重大缺陷、提高设备可靠性的技术改进措施以及本单位事故防范对策进行编制；经行政主管领导批准后执行，并报上级主管部门进行备案。安全监察部门应监督反措、安措计划的实施情况，对存在问题应及时向分管生产的领导汇报；安全监察或有关部门还应按季向上级主管部门报告反措计划、安措计划的执行情况。电力生产企业分管生产的领导和车间（工区）领导，应定期检查反措计划、安措计划的落实情况，并采取措施保证反措计划、安措计划的全面落实。

（五）安全监察

国家电网公司各分部及电力生产企业应设置安全监察机构，统一归口管理全公司安全监察工作，代表上级行使安全监察职能，一般不少于7人。

发电厂、供电局安全监察机构的成员人数应按职工总数的3‰～5‰配备，但不少于3个。国家电网公司电力系统调度机构设置安全监察工程师。发电总厂所属发电厂，供电分局和县供电局也应设置安全监察机构。电力生产企业安全监察机构应由企业行政正职主管。各级安全监察机构的安全监察人员经应上级安全监察机构的资格审查，取得"安全监察证"。电力生产企业的主要车间（工区、所），应设专职安全员，其他车间和班组设兼职安全员。

1. 安全监察机构的职责

（1）安全员负责监督本单位各级人员安全责任制的落实；监督与安全生产有关的各项规章制度、反事故技术措施和上级批示的贯彻执行；对违章作业、违章指挥进行监察。

（2）监督涉及设备、设施安全的技术状况，涉及人身安全的防护状况；重点监督安全工器具、起重机具、登高工具及厂内运输设备的管理和定期试验工作。

（3）协助领导组织安全检查，并监督整改措施的落实；参加或协助领导组织事故调查，监督"三不放过"原则的贯彻落实；做好事故统计报告的归口管理工作，做到及时、准确、完整，并按规定上报；组织编制安全技术劳动保护措施计划，并监督执行；定期和不定期总结分析安全生产中的薄弱环节和带倾向性的问题，并提出改进措施意见。

（4）监督检查中发现的重大问题和隐患，应及时提出整改要求，做好记录，并向领导报告；必要时应向有关单位、部门发出"安全监察通知书"，限期解决。

（5）监督现场培训计划的执行，配合有关部门进行《安规》的学习、考试和反事故演习；组织安全网活动，充分发挥各级安全员的监督作用；监督劳动保护用品和安全工器具、安全防护用品的购置发放和使用；对所属单位安全指标的完成情况进行考核。

2. 安全监察人员的职权

（1）参加新建、改建、扩建、更改工程和技术革新项目的设计审查和竣工验收。进入生产区域、施工现场、控制室、调度室检查了解安全情况。

（2）发生事故后，有权要求保护事故现场，调查和了解事故有关情况并向有关单位和人员索取事故原始资料，对事故的认定、调查分析结论和处理有不同意见时，有权提出并向上级安全监察机构反映。对违反《国家电网公司电力生产事故调查规程》的规定，隐瞒事故或阻碍事故调查的行为有权越级反映。

（3）有权对安全生产做出贡献者给予表扬和奖励；有权对事故过失人员和有关领导，根据情节提出处理意见。

（六）考核与奖惩

电力生产企业均应制定安全生产奖惩制度。奖惩要和安全责任制密切挂钩，在安全生产中应贯彻重奖重罚的原则，对在安全生产中做出显著贡献的集体和个人，应给予重奖；对在工作中严重失职、违章作业、违章指挥等造成事故者，应给予重罚。情节严重触犯刑律者，由司法部门追究其刑事责任。

电力生产企业应定期以适当形式表彰、奖励在安全生产中做出显著贡献的集体和个人；对弄虚作假，隐瞒事故者，一经发现，除扣除已发奖金外，还必须严肃处理，对事故单位还应罚款，对使企业安全基础蒙受重大损失的情况进行调查，必要时追究责任。

各级领导安全工作不到位，且整改不力者，也应追究责任。

第二节　三级安全教育

一、主要教育方式

安全生产教育（简称安全教育）是电力企业一项长期的、艰巨的，同时又是十分重要的基础工作。安全教育工作的功效如何、成败与否，直接关系着电力企业职工安全意识的培养与强化、安全技术的掌握与提高、安全思想的建立与巩固，在很大程度上影响着每个职工乃至整个企业的综合素质和安全生产水平。电力三级安全教育是对电力企业职工实行安全生产教育的基本方式，主要包括以下三种教育方式：

（1）入（公司）厂级安全教育。对新入（公司）厂员工在分配到车间或工作岗位之前，由（公司）厂的安全部门进行初步的安全教育。

（2）工区（车间）教育。新进员工从（公司）厂部分配到（工区）车间后，再由车间进行安全教育。

（3）班组教育。新进员工进入工作岗位以前的教育，一般采用"以老带新"或"师徒教学"的方法。

对调换新工种、复工、采取新技术、新工艺、新设备、新材料的工人，必须进行新岗位、新操作方法的安全教育，受教育者，经考试合格后，方可上岗操作。

二、主要教育内容

（一）企业（厂）级安全教育

（1）讲解有关安全生产的政策、法规，使用劳动保护的意义、内容及基本要求。目前，供电企业常用的安全法规和规程制度主要有《中华人民共和国安全生产法》《国家电网公司电力安全工作规程》《国家电网公司电力生产事故调查规程》《国家电网公司安全生产监督规定》等。

《中华人民共和国安全生产法》确立的基本法律制度有：安全生产监督管理制度、生产经营单位的安全生产保障制度、单位主要负责人安全生产责任制度、安全生产中介服务制度、生产安全事故的应急救援与调查处理制度、安全生产事故责任追究制度、从业人员安全生产的权利和义务等。

《国家电网公司电力安全工作规程》（简称《安规》）是电力系统多年生产、运行经验的总结，同时也是事故教训的总结，是从事电气工作的行为准则。它包括变电站和发电厂电气部分、电力线路部分、热力和机械部分。内容包括：高压设备工作的基本要求，保证安全的组织措施，保证安全的技术措施，线路作业时变电站和发电厂的安全措施，带电作业，发电机、同期调相机和高压电动机的检修、维护工作，在六氟化硫电气设备上的工作，在停电的低压配电装置和低压导线上的工作，二次系统上的工作，电气试验，电力电缆工作，一般安全措施，起重与运输，高处作业等。《国家电网公司电力安全工作规程》中规定的作业现场的基本条件是：

1）作业现场的生产条件和安全设施等应符合有关标准、规范的要求，工作人员的劳动防护用品应合格、齐备。

2）经常有人工作的场所及施工车辆上宜配备急救箱，存放急救用品，并应指定专人经常检查、补充或更换。

3）现场使用的安全工器具应合格并符合有关要求。

4）各类作业人员应被告知其作业现场和工作岗位存在的危险因素、防范措施及事故紧急处理措施。

《国家电网公司安全生产监督规定》的主要内容有：对被监督对象执行国家和上级有关安全生产的法律、法规、标准、规定、规程、制度等情况以及被监督对象的协议、合同中涉及安全生产方面的内容实行监督等。保证了电力安全生产的法律、法规、标准和行业标准以及公司有关安全生产的规定、规程、制度的实施。如安全生产监督机构的职责是：

1）监督本企业各级人员安全生产责任制的落实；监督各项安全生产规章制度、反事故措施和上级有关安全工作指示的贯彻执行，及时反馈在执行中存在的问题并提出完善修改意见。

2）监督涉及电网、设备、设施安全的技术状况，涉及人身安全的防护状况；对监督检查中发现的重大问题和隐患，及时下达安全监督通知书，限期解决，并向主管领导报告。

3）组织制订本企业职业安全健康管理制度。

4）组织编制本企业安全技术劳动保护措施计划并监督所需费用的提取和使用情况；监督所属企业对计划的执行情况；依法监督劳保用品、安全工器具、安全防护用品的购置、发放和使用。

5）监督本企业及所属企业安全培训计划的落实；组织或配合《国家电网公司电力安全工作规程》的考试和安全网活动。

6）参加和协助本企业领导组织事故调查，监督"四不放过"（即事故原因不清楚不放过，事故责任者没有受到处罚不放过，群众和应受教育者没有受到教育不放过，没有采取防范措施不放过）原则的贯彻落实，事故统计、分析、上报工作并提出考核意见。

7）对安全生产做出贡献者提出给予表扬和奖励的建议或意见；对事故负有责任的人员，提出批评和处罚的建议或意见。

8）参与电网规划、工程和技改项目的设计审查、施工队伍资质审查和竣工验收以及有关科研成果鉴定等工作。

（2）介绍公司的安全情况，包括企业发展史（含企业安全生产发展史）、企业设备分布情况（着重介绍特种设备的性能、作用、分布和注意事项）、主要危险及要害部位，一般安全防护知识和电气、机械方面的安全知识等。

（3）介绍企业的安全组织架构及成员，企业的主要安全生产规章制度等，考勤制度、薪金发放、假期、处罚、辞职等问题。

（4）介绍企业安全管理的基本情况，包括企业生产特点、企业设备分布情况、企业的安全生产组织机构及企业的主要安全生产规章制度等。

（5）介绍企业安全生产的经验和教训，结合企业和同行业常见事故案例进行剖析讲解（着重讨论对案例的预防），阐明伤亡事故的原因及事故处理程序等。

（6）提出希望和要求（如要求受教育人员要按公司管理制度积极工作）。要树立"安全第一、预防为主"的思想，在劳动过程中努力学习安全技术、操作规程，经常参加安全方面的经验交流和事故分析活动和安全检查活动。要遵守操作规程和劳动纪律，不擅自离开工作岗位，不违章作业，不随便出入危险区域及要害部位，注意劳逸结合，正确使用劳动保护用品等。

公司（厂）级安全教育一般由企业安全技术部门负责进行，采用上课、培训、讲座、参观等形式，并下发浅显易懂的手册等学习辅助材料。

（二）部门（工区、车间）教育

各部门（工区、车间）有不同的工作特点和不同重要部位、危险区域和设备。因此，在进行部门安全教育时，应根据各部门的工作特殊性详加讲解。其主要内容有：

（1）介绍本部门（工区、车间）工作特点、工作性质、工作方式及工作流程；人员结构、安全生产组织状况及活动情况；本部门（工区、车间）的危险区域、特种作业场所、有毒有害工种情况、车间事故多发部位及原因、特殊规定和安全要求；劳动保护方面的规章制度和对劳动保护用品的穿戴要求和注意事项；常见事故和对典型事故案例的剖析等。

（2）介绍本部门（工区、车间）主要工种及作业中的专业安全要求等。根据工区、车间的特点介绍安全技术基础知识。例如变电站属于重要供电部门，值班人员要有高度的工作责任心，严格执行值班巡视制度、倒闸操作制度、工作票制度、交接班制度，做好设备运行登记和工作记录，值班人员必须熟悉高低压配电室内电器设备的性能及运行方式，掌握操作技术。高压电工由于工作环境特殊，所以应思想集中，电器线路在未经测电笔确定无电前，应一律视为"有电"。工作前应详细检查自己所用工具是否安全可靠，穿戴好必需的防护用品，以防工作时发生意外。维修线路要采取必要的措施，在开关手把上或线路上悬挂"有人工作、禁止合闸"的警告牌，防止他人中途送电。使用测电笔时要注意测试电压范围，禁止超出范围使用。工作中所有拆除的电线要处理好，带电线头包好，以防发生触电。所用导线及熔丝，其容量大小必须合乎规定标准，选择开关时必须大于所控制设备的总容量。工作完毕后，必须拆除临时地线，并检查是否有工具等物漏忘电杆上。检查完工后，送电前必须认真检查，看是否合乎要求，并和有关人员联系好，方能送电。

又如电力检修车间的特点是电气设备多、起重设备多、各种油类多、生产人员较多和生产场地比较拥挤等，要教育工人遵守劳动纪律，穿戴好防护用品，小心衣服、发辫被卷进机器，在装卸、搬运工件时，要防止碰伤、压伤、割伤等；其他如线路检修、危险品仓库、油库等，均应根据各自的特点，对新工人进行安全技术知识教育。

（3）介绍部门（工区、车间）安全经营、安全施工规章制度、常见事故和对典型事故案例的剖析等。

（三）班组级教育

班组是公司经营、施工、生产活动的基础。由于工作人员活动在班组，设施、设备在班组，事故常常也发生在班组。因此，班组安全教育非常重要。

（1）介绍本责任区经营、施工概况、特点、范围、作业环境、设备状况、消防设施等。重点介绍可能发生伤害事故的各种危险因素和危险部位，用一些典型事故实例去剖析讲解。

（2）讲解本岗位使用的设施、设备、工器具的性能，防护装置的作用和使用方法。

（3）讲解本岗位安全操作规程和岗位责任及有关安全注意事项，使员工真正从思想上重视安全生产，自觉遵守安全操作规程，做到不违章经营、施工，爱护和正确使用设施、设备、工具等；介绍区域安全活动内容及作业场所的安全检查和交接班制度。

（4）教育员工发现了事故隐患或发生事故时，应及时报告领导或有关人员，并学会如何紧急处理险情。

（5）讲解正确使用劳动保护用品及其保管方法和文明经营、施工、生产的要求。

（6）实际安全操作示范，重点讲解安全施工、经营流程，边讲解、边说明注意事项，并讲述哪些是危险的，哪些是违反规程的，使员工懂得违章将会造成的严重后果。

三、调岗及复工人员安全教育

调换新工作岗位，主要指员工在部门内或公司内调换工作岗位，或调换到与原工作岗位完全不一样的岗位，以及短期参加劳动的干部等，这些人员应由接收单位进行相应岗位的安全生产、施工、生产教育。教育内容可参照"三级安全教育"的要求确定，一般只需进行部门、班组二级安全教育。但调做特种岗位作业人员，要经过特种作业人员的安全教育和安全技术培训，经考核合格取得许可证后方准上岗作业。

工伤后的复工安全教育。首先要针对已发生的事故作全面分析，找出发生事故的主要原因，并指出预防对策，进而对复工者进行安全意识教育，岗位安全教育及预防措施和安全对策教育等，引导其端正思想认识，正确吸取教训，增强预防事故的信心。

企业必须严格执行安全生产教育规定，采取多层次、多角度、多种形式的安全教育，使每名职工都能掌握入厂须知的基本内容。通过教育，提高职工的安全意识和紧急情况下的应变能力，通过掌握的安全技术知识预防可能发生的事故，切实保障职工在生产劳动和工作过程中的安全和健康。

第三节 四 不 伤 害

一、主要原则

"四不伤害"的原则是：不伤害他人、不伤害自己、不被他人伤害、保护他人不被伤害。

二、主要内容

"四不伤害"是形成安全意识的途径，这个过程需要牢固树立安全意识，广泛学习安全知识，熟练掌握安全技能，把正确的安全操作行为变成一种安全行为习惯，才能真正形成一种安全意识。

（一）不伤害他人

不伤害他人，就是自身的行为或行为后果不给他人造成伤害。在多人同时作业时，由于自己不遵守操作规程、对作业现场周围观察不够以及自己操作失误等原因，自己的行为可能对现场周围的人员造成伤害。要做到我不伤害他人，应该做到以下几个方面：

（1）自己遵章守规、正确操作，这是不伤害他人的基础保证。

（2）多人作业时要相互配合，顾及他人的安全。

（3）工作后不要留下隐患。例如检修完机器时，未将拆除或移开的盖板、防护罩等设施恢复正常，就可能使他人受到伤害；高处作业时，工具或材料等物品放置不稳妥，一旦坠落就可能砸伤他人；动火作业完毕后现场未清理，残留火种可能引发火情；机械设备运行过程中，操作人员未经允许擅自离开工作岗位，如果其他人误触开关，就可能造成伤害等；拆装电气设备时，如果线路接头没有按规定包扎好，他人就有可能触电。

（4）不伤害他人举例。如高处作业时应做到：一律使用工具袋，并用绳索传递工具，较大的工具应用绳拴在牢固的构件上；在格栅式的平台上工作，应铺设木板，防止器具掉落；不准将工具、材料上下抛掷；起重作业的现场地面一定设置防护栏杆；上、下交叉作业有专人联系协调工作；高处作业脚手架的架杆、架板搭设，符合《国家电网公司电力安全工作规程》要求；现场动用电、火焊后，应检查无遗留火种等。防止触电伤害：在金属容器内工作要使用 12V 以下电压的行灯；在容器内工作不能同时进行电、火焊的作业；电动工器具接线、拆线一定由专业电工操作；转动机械工作时，必须可靠停电；装设接地线时必须有两人进行等。

（二）不伤害自己

不伤害自己，是要提高自我保护意识，不能由于自己的疏忽、失误而使自己受到伤害。这取决于自己的安全意识、安全知识、对工作任务的熟悉程度、岗位技能、工作态度、工作方法、精神状态、作业行为等多方面因素。要想做到不伤害自己，应做到以下几个方面：

（1）在工作前应该思考并明确下列问题：是否了解这项工作任务；是否具备完成这项工作的技能；这项工作有什么不安全因素，应该如何防止失误。

（2）要有严谨的工作态度：弄懂工作程序，严格按程序办事；出现问题时停下来思考，必要时请求帮助；对作业现场危险有害因素进行充分辨识。

（3）遵章守规，有良好的工作状态。保护自己免受伤害的有效措施：身体、精神保持良好状态，不想与工作无关的事；劳动着装齐全，劳动防护用品符合岗位要求；注意现场的安全标志；不违章作业，拒绝违章指挥。

（4）不伤害自己举例。如进行高处作业时，应该做到：进入生产现场必须戴安全帽，系紧下颚带；系好安全带，并将安全绳挂在解释牢固的物件上且高挂低用。在没有脚手架或没有栏杆的脚手架上工作，高度超过 1.5m 时，正确使用安全带；不在高处作业现场或起吊下面逗留、通行；要自觉遵守《国家电网公司电力安全工作规程》的各项要求等。

防止触电伤害：使用手持电动工器具时应使用有检验合格证

的工具；在潮湿或金属构架上应使用有检验合格的工具（Ⅰ、Ⅱ、Ⅲ类是按触电保护方式分的，Ⅰ类是基本绝缘，外壳必须接地；Ⅱ类是双重绝缘没有外壳基地；Ⅲ类是安全特低电压供电的；使用Ⅰ、Ⅱ类手持电动工器具时必须配合使用漏电保护器）；电动工器具必须有外壳接地保护；使用手持电动工具时要戴绝缘手套；不准靠近或接触有电设备的带电部分等。

（三）不被他人伤害

（1）不被他人伤害，即每个人都要加强自我防范意识，工作中要避免他人的错误操作或其他隐患对自己造成伤害提高防范意识，保护自己。对作业场地周围不安全因素要加强警觉，一旦发现险情要及时制止和纠正他人的不安全行为并及时消除险情。

（2）避免由于其他人员工作失误、设备状态不良或管理缺陷遗留的隐患给自己带来的伤害。如交叉作业时，要预见别人对自己可能造成的伤害，并做好防范措施。检修电气设备时必须进行验电，要防范别人误送电等。发生危险性较大的事故时，没有可靠的安全措施不得进入危险场所，以免盲目施救，自己被伤害。

（3）设备缺乏安全保护设备或设施时应及时向上级主管报告，接到报告的人员应及时予以处理。在危险性大的岗位，必须设有专人监护。

（4）不被他人伤害举例。如高处作业时应做到：使用安全带前要外观检查无缺陷；登脚手架前要检查脚手架捆绑牢固，且有上下爬梯，工作面踏板牢固；脚手架临空的一面有安全网或深度的防护栏杆和下部有 18cm 高的护板；正确佩戴安全帽，并系好下颚带；不在起吊重物下通行；不在有高处作业的下方通行或逗留；现场作业前一定要检查安全措施应符合工作票要求且可靠；工作时站在侧面等。

（四）保护他人不受伤害

每个成员都是团队中的一分子，要担负起关心爱护他人的责任和义务，不仅自己要注意安全，还要保护团队的其他人员不受伤害，这是每个成员对团队中其他成员的承诺。保护他人不受伤害应做到以下几点：

（1）认真落实安全互保的各项规定，进入生产现场工作相互监督，相互提醒，相互保护。

（2）及时制止各类违章现象，看到违章不能视而不见，发现安全设施不完善及时提出落实好整改措施。

（3）落实好岗位责任制，管理人员、运行人员要时刻提醒作业人员本岗位的危险因素、危险点，落实好相应的防范措施并互相了解班组成员当天的健康状况和精神状态。

（4）自觉掌握各类安全救护知识，做到防患于未然。一旦发生事故，在保护自己的同时，要主动帮助身边的人摆脱困境。

（5）明确当天工作的具体任务、工作要求、工作地点、工作环境及有关事项。检查"两票"的安全措施和技术措施的准确性、完整性和针对性。

（6）作业前，检查并确保安全措施和技术措施已落实，作业前检查安全工器具，确认完好可用。作业中，正确佩带和使用劳动保护用品，互保成员相互监督，严格遵守规章制度、安全规定和作业程序。作业中，互保成员要做好传、帮、带工作，提高作业技能水平，团结协作，克服困难，完成工作任务。

三、"四不伤害"的延展

对于建筑施工、大型设备安装、厂房施工等立体交叉作业，涉及的人员、单位、工种、危险作业较多，各施工单位之间的"四不伤害"由个体行为扩展到组织行为尤其重要。

在这种情况下，要想杜绝事故，保证现场所有施工作业人员的健康安全，必须做到各个施工作业单位之间的"四不伤害"：

（1）每个施工作业单位自己人员要保证安全；

（2）每个施工作业单位要保证不伤害其他施工作业单位的人员；

（3）每个施工作业单位人员不被其他施工作业单位伤害；

（4）每个施工作业单位都有责任保护其他施工作业单位人员不受到伤害。

四、"四不伤害"的落实

为了有效落实"四不伤害"原则，强化安全管理，有效避免人身伤害，各单位应做到：签订安全协议，进行安全交底，把各自的危险因素进行充分辨识，并作为安全交底的一项重要内容；各自落实措施和安全责任，现场施工经常进行沟通、协调，统一指挥；签订安全协议，进行安全交底（告知），交纳风险抵押金等。

五、"四不伤害"保证书示例

保 证 书

本人在履行岗位职责前，向公司和所在部门郑重保证如下：工作期间严格遵守"四不伤害"保证措施，做到"我不伤害自己，我不伤害他人，我不被他人伤害，我保护他人不受伤害"。如违反"四不伤害"原则，给公司造成经济损失或信誉损害的，愿按公司制定的规章制度接受处置。

保 证 人：

保证人所在单位：

年　　月　　日

第四节　两 票 三 制

"两票三制"是电力企业安全生产保证体系中最基本的制度之一，是我国电力行业多年运行实践中总结出来的经验，"两票"是指工作票、操作票，"三制"是指交接班制、巡回检查制、设备定期试验轮换制。

一、"两票三制"的应用

为把安全方针落到实处，提高预防事故能力，杜绝人为责任事故，杜绝恶性误操作事故，"两票三制"必须严格执行，并应注意以下几点：

（1）加大操作票的执行与管理。操作票是根据操作命令完成指定操作任务的具体依据，但有的人在操作中对操作任务不明确，专业技术水平薄弱，对操作不熟练，未严格执行操作票，常常导致误操作的发生，因此应加强对电气操作、热机操作的管理，使操作标准化。重视操作的分工及技能培训，严格执行操作票制度。操作前对操作票进行仔细审核，操作内容必须明确、具体，操作中分清监护人与操作人的职责，让操作熟练的人员依据操作票按顺序进行，执行好监护制度。

（2）严格工作票管理，杜绝无票作业。工作票审批程序切不可走过场，应付了事。有些人工作时图省事不开工作票，特别是一些不需要运行人员做措施的及热工方面的工作，往往就因为无票作业，缺少了审批、许可手续，最终酿成事故。运行人员在工作票许可手续上要严格把关，杜绝无票作业。

（3）认真执行交接班制度。接班人员应达到掌握设备运行状态后方可接班，这就要求接班人员重视设备巡检，认真查阅各种记录以及详细掌握休班期间发生的各类事件的原因、过程及防范措施。同时交接班时的签字、交接仪式是使接班人员思想上立即投入到工作状态的有效过程，这并非是走形式。交班会一定要对本班工作及时总结、分析，注意时效性，这将有利于提高运行的工作质量。

（4）提高运行人员监盘、巡检质量，加强培养运行人员及时发现问题的能力。运行人员对参数变化要有分析对比，对设备运行状态要心中有数，否则就会失去抄表、监视画面、巡检设备的意义。

（5）定期试验及轮换制度是"两票三制"中不应忽视的一项工作，是运行人员检验运行及备用设备是否处于良好状态的重要手段。无备用设备就意味着缺少一种运行方式，安全运行就失去了一道保障，所以对备用的设备应视同运行设备，应积极联系处理缺陷，使之处于良好的备用状态，否则一旦运行设备发生故障，在无备用或少备用设备的情况下，运行人员处理事故时调节余地小，往往会导致事故扩大。

二、"两票三制"的具体内容

（一）工作票

1. 工作票的内容

工作票的内容包括：工作票编号、工作负责人、工作班成员、工作地点和工作内容；计划工作时间、工作终结时间；停电范围、安全措施；工作许可人、工作票签发人、工作票审批人、送电后评语等。

2. 工作票的填写

工作票由发布工作命令的人员填写，一式两份。一般在开工前一天交到运行值班处，并通知施工负责人。

一个工作班在同一时间内，只能布置一项工作任务，发给一张工作票。工作范围以一个电气连接部分为限。电气连接部分是指接向汇流母线，并安装在某一配电装置室、开关场地、变压器室范围内，连接在同一电气回路中设备的总称，包括断路器、隔离开关、电压互感器和电流互感器等。若几项任务需要交给同一工作班执行时，为防止将工作的时间、地点和安全措施搞错而造成事故，只能先布置其中的一个任务，发给工作负责人一张工作票，待任务完成将工作票收回后，再布置第二个任务和发给第二张工作票。值班人员要接到工作票后，要审查工作票上所提出的安全措施是否完备，发现有错误或疑问时，应向签发人提出。施工负责人在接受工作任务后，应组织有关人员研究所提出的任务和安全措施并按照任务要求在开工前做好必要的准备工作。

3. 工作票的种类

（1）第一种工作票。填写第一种工作票的工作为：

1）高压设备上工作需要全部停电或部分停电时；

2）二次系统和照明等回线上的工作，需要将高压设备停电者或做安全措施时；

3）高压电力电缆需停电的工作；

4）换流变压器、直流场设备及阀厅设备需要将高压直流系统或直流滤波器停用时；

5）直流保护装置、通道和控制系统的工作，需要将高压直流系统停用时；

6）换流阀冷却系统、阀厅空调系统、火灾报警系统及图像监视系统等工作，需要将高压直流系统停用时；

7）其他工作需要将高压设备停电或要做安全措施时。

填写第一种工作票的几项具体要求是：

1）工作许可人填写安全措施，不准写"同左"的字样；应装设的地线，要写明装设的确实地点，已装设的地线要写明确实地点和地线编号；工作地点保留带电部分，要写明工作邻近地点有触电危险的具体带电部位和带电设备名称并悬挂警告牌。

2）在开工前，工作许可人必须按工作票"许可开始工作的命令"栏内的要求把许可的时间、许可人及通知方式等认真地填写清楚，工作终结后，工作负责人必须按"工作终结的报告"栏内规定的内容，逐项认真填写，严格履行工作票终结手续。

3）工作票的填写内容，必须符合《国家电网公司电力安全工作规程》的规定，工作票应统一编号，按顺序使用。填写时要做到字迹工整、清楚、正确。如有个别错、漏字，需要修改时，必须保持清晰并在该处盖章。执行后的工作票要妥善保管，至少保存3个月，以备检查。

（2）第二种工作票。填写第二种工作票的工作为：

1）控制盘和低压配电盘、配电箱、电源干线上的工作；

2）二次系统和照明等回路上的工作，无需将高压设备停电者或做安全措施的；

3）转动中的发电机，同期调相机的励磁回路或高压电动机转子电阻回路上的工作；

4）非运行人员用绝缘棒、核相器和电压互感器定相或用钳型电流表测量高压回路的电流；

5）大于安全距离的相关场所和带电设备外壳上的工作以及无可能触及带电设备导电部分的工作；

6）高压电力电缆不需停电的工作；

7）换流变压器、直流场设备及阀厅设备上工作，无需将直流单、双极或直流滤波器停用的；

8）直流保护控制系统的工作，无需将高压直流系统停用的；

9）换流阀水冷系统、阀厅空调系统、火灾报警系统及图像监视系统等工作，无需将高压直流系统停用的。

4. 工作票的签发

工作票的签发人应由电气负责人、生产领导人以及指派有经验的负责技术的人员担任。

5. 工作票的执行

（1）工作班组在作业前要整齐列队，清点人数，由工作负责人宣读工作票，严肃、认真、详细地交待工作任务、安全措施及注意事项。每个成员都必须集中精神，认真听取。交代后，工作负责人或安全员要向一部分成员提问，达到每个成员确实了解清楚。

（2）工作负责人在作业过程中要始终在现场，必须做到不间断地监护督促全班人员认真执行工作票上的各项安全措施，保证作业安全。

（3）凡邻近带电设备作业时，严格按规定签发工作票，并有熟悉电气设备的人员在现场进行监护（特别是建筑工、油漆工、大集体工人等到变电站作业时要切实地做好监护）。

（4）检修人员凡在检修中动过的设备在检修完工后，必须恢复原来状态并主动向值班人员详细交代，在送电前运行人员要做到详细检查。

执行变电第一种工作票：当工作全部完毕，人员撤离工作地点，经工作负责人和工作许可人双方到现场交代、验收，并在工作票上签字后即为工作终结；工作负责人可以带领全班人员撤离工作现场。地线拆除必须认真填写在工作票中，必要时当时不能拆除的接地线要注明原因。

（二）操作票

1. 操作票的定义

操作票是指在电力系统中进行电气操作的书面依据，包括调度指令票和变电操作票。操作票是防止误操作（误拉、误合、带负荷拉、合隔离开关、带地线合闸等）的主要措施。

2. 操作票的内容

操作票的内容包括操作票编号、操作任务、操作顺序、发令人、受令人、操作人、监护人、操作时间等。

运行值班人员进行的一切正常的倒闸操作均须按值班调度员发布的操作项目（包括系统操作和综合操作令）填写倒闸操作票，再经过审核、预演、签字等步骤后执行。但在某些紧急情况时，可不填写操作票，例如：事故处理；由于运行设备发生缺陷，严重威胁人身、设备安全，需紧急停止运行者；为防止系统性事故扩大而需要紧急操作者等。但事后必须设法将事故情况及倒闸操作过程向值班调度报告。

允许不填写操作票的有如下几种情况，但必须做好记录：事故处理（但事故消除后恢复运行方式的操作应填写操作票）；拉、合开关的单一操作；拉开一组接地开关或拆除全变电站仅有的一组接地线的操作；启、停单独一个重合闸把手，一个压板或一组控制回路保险的操作等。上述操作必须严格执行操作监护制和复诵制。

变电站各值班长为接受电力系统值班调度员操作命令的负责人，其责任是：负责与电力系统值班调度员联系，正确无误地接受命令并进行复诵、记录以及布置填写倒闸操作票和执行操作；

正确地理解调度命令，负责考虑、执行调度命令的具体问题及其正确性，如有困难或对命令有疑问时，应及时向系统值班调度员提出；负责考虑操作后可能引起的不正常运行方式及措施，及时布置处理，密切联系调度；及时向值班调度员报告操作进行及完成的情况。

电力系统值班调度员所发出的操作计划，只作为现场编制倒闸操作票的依据，不是正式操作命令；正式操作命令由值班调度员在操作开始时下达，只有在接到电力系统值班调度员的开始操作的命令后，才能进行操作。

对用系统操作票执行的倒闸操作，值班操作人员必须向值班调度员报告执行情况；现场的倒闸操作票，只有在得到调度命令后，才能在操作的项目前写明"待令"或"联系调度"等字样。

综合操作令的执行由现场值班长负责，但必须在得到值班调度员的操作命令或取得值班调度员的批准后才能执行。

3. 操作票的填写

填写操作票必须以命令或许可作为依据。命令的形式有书面命令和口头命令两种，书面命令即工作票；口头命令可由电气负责人亲自向值班人员下达，也可以电话方式下达（录音）；必须双重名称（设备名称和编号），同时要录音；运行单位要对值班负责人的发令认真地进行复诵，确认无误后，将接受的操作任务和命令记录在运行记录中；有录音设备而不用，造成不良后果者，由受令人负事故责任。受令人必须将接受的口头命令复诵，将受令时间填入值班记录簿内。

操作票填写严禁并项，每一行只填写一个操作步骤，操作内容只写编号，而不写设备的名称；添项以及用勾划的方法颠倒顺序；要字迹工整、清楚，不得任意涂改，如有错字、漏字，需要修改时，必须保证清晰，每页修改超过三字以上时要重新填写；操作票要统一编号，填写错误作废的或未执行的要盖"作废"章，已执行的盖"已执行"章，至少保存 3 个月以备检查；操作票规定由操作人填写，特殊情况下需要由前一班值班人员填写时，接班的工作人员必须认真、细致地审查，确认无误后，由操作人、监护人、值班长（或电气负责人）共同核对签字后执行；操作票上的操作项目，必须填双重名称，即设备的名称及编号；拆、装接地线要写明确实地点和地线编号。

4. 操作票的执行

（1）操作人、监护人、值班长对填写好的操作票要作认真审查，正式操作前必须在模拟板上进行预演，确认无误后，操作人、监护人、值班长分别在操作票上签字，才可执行。

（2）操作中每执行一项应严格执行"四对照"，即对照设备名称、编号、位置和拉合方向，由监护人确认无误后发出"对！执行"令后，操作人方可操作。每操作完一项，打上一个钩"√"。严禁操作完一起打钩或提前打钩。更不得有操作票不用，盲目进行操作的现象。

（3）必须按操作票中的顺序依次进行，不得跳项、漏项，不得擅自更改操作顺序；在特殊情况（系统运行方式）改变，需要跳项时，必须有值班调度员的命令，得到值班负责人的批准，确认没有误操作的可能，方可进行操作；严禁穿插口头命令的操作项目。

（4）执行一个倒闸操作任务，中途严禁换人，在执行倒闸操作过程中严禁做与操作无关的事；在操作过程中监护人要自始至终认真监护，没有监护人的命令，操作人不得擅自操作和做其他工作。

（5）值班负责人要注意考查每个值班人员的思想、精神状态，发现有不正常现象，必须及时地进行安全思想教育，提醒注意，执行操作的人员必须做到精神集中，不得思想溜号、马虎从事。

（6）一份操作票（一个操作任务）规定由一组人操作，分组操作时，要填写总的操作顺序的操作票，在值班长按总的操作顺序统一指挥下进行操作。这种操作只适用于具有通信对话联系的装置；要认真履行复诵，严禁用手示的方法进行联系。

（三）运行值班及交接班制

交接班是指各岗位人员工作的移交和接替。交接班制度是保证电力企业正常运行及生产过程连续性的基本制度，做好交接班工作是安全生产的重要环节，各运行岗位人员必须严肃认真贯彻执行。

1. 交接班的一般规定

（1）明确职责。交接班时，双方应履行交接手续，在按规定的项目逐项交接清楚后，交接人员先在交接班记录簿上签名，然后接班人依次签名，从此时起，变电站的全部运行工作，由接班人员负责，交班负责人才能带领全值人员离开岗位。

（2）做好交班准备工作。检查应交的有关事项，整理各种资料、记录簿，检查应交的物件是否齐全，室内的整洁工作，以及为下一值做好接班后立即要执行的准备工作，填写交接班记录簿等待交接。

（3）接班人员应提前到达，由负责人带领看阅交接班记录簿，了解有关运行工作事项，然后准时开始正式进行交接班工作。如果遇有特殊情况，可以延迟时间进行交接班。

（4）必须遵照规定的轮值表值班，未经站长和值长同意不得私自调班。当值人员因故提前离开或迟到虽有专人代替，亦应办理交接手续，绝对不允许不办理交接手续而离开岗位。交接时禁止使用电话等通信方式或途中进行信用交接班。接班人员未到岗位，交班人员不得离开控制室。

（5）交接手续结束前，一切工作应由交班人员负责。如在交接班时发生事故，应由交班人员负责处理，交班人员可要求及指挥接班人员协助处理。

在下列情况下，不得进行交接班：在倒闸操作及许可工作未告一段落；在处理事故时（但可在告一段落时，得到调度同意，进行交接班）；接班人员有喝酒情况或精神不正常时；交班人员未经正式交接班手续，就擅自离开工作岗位等。

2. 交接班准备工作

（1）交班准备工作。

1）由当班值长组织全体人员事先做好交班准备工作。

2）检查系统工况是否正常。

3）检查工作票收发是否准确，安全措施是否相符、妥当。

4）检查操作票执行情况是否正确，交下班操作票是否已审票、已核对。

5）检查各种记录是否齐全、正确，检查各种打印机、定时记录仪、电脑、通信是否正常。

6）检查控制室、办票室、保护室是否整洁，是否按定置管理摆放。

7）检查本值人员是否到齐，是否按要求着装。

8）开交班前碰头会，听取本值人员汇报交班前准备情况。

9）各种情况无误后，通知接班值可以进行交接班。

（2）接班准备工作。接班人员应提前到达，做好接班前的一切准备工作。

1）查接班人员是否齐全，服装、鞋、上岗证是否完整、整洁，精神状况是否良好。

2）检查完毕，值长主持接班前碰头会。

3）根据接班人员技术状况，安排当日岗位对象。

4）安排妥当无误后，经交班值长同意，进行交接班。

（3）交接班工作的项目。

1）系统运行方式及监控机模拟图接线变动情况及变动原因、复役日期、时间。

2）设备检修、异常运行及事故处理情况。

3）操作票、工作票使用状况，安全用具、接地线使用情况。

4）设备的停、复役及变更，继电保护方式或定值的更改情况。

5）设备的检修情况和缺陷情况，信号装置情况。

6）各种记录簿、资料、图纸及钥匙和有关材料工具的收存保管情况。

7）上级布置、通知及收到学习资料。

8）介绍目前系统运行的各种情况。

9）本值尚未完成需接班值继续做的工作和注意事项。

10）核对系统中各种工作运行是否正常。

11）询问本值人员和接班值长，无疑问后命令对口交接等。

（4）交接班注意事项。

1）交班工作必须做到"五清"和"四交接"。"五清"：看清、讲清、问清、查清、点清。"四交接"：站队交接、图板交接、现场交接、实物交接。

站队交接：交接班双方均应站队立正，面对面进行交接。

图板交接：交班值长会同全值接班人员，在监制机界面上交代运行方式。

现场交接：现场设备（包括二次设备）经过操作方式变更，所做安全措施，特别是接地线，设备缺陷，保护的停复役和定值更改，在现场交接清楚。

实物交接：指具体物件的交接，如"两票"，文件通知、工具用具、仪器仪表等物件。

2）交班工作由交班值长主持，交代、汇报接班值人员上次下班后站内的运行情况、工作过程。接班值人员听取交班值长汇报结束后，对汇报不够清楚之处发问。经说明无误后进行对口检查。交班人员应陪同接班人员按照规定分工到现场进行交接巡视，对变动设备情况和新发现的设备缺陷，严重缺陷到现场交代清楚。

3）接班人员对检查中发现的问题需详细向交班人员问清楚。交接班巡视检查中发现的缺陷及异常情况，由接班人员填写缺陷记录。在检查中若发现有不符合实际情况时，交班人员可根据具体情况进行处理，事后立即汇报，并在交班后组织班内人员讨论、分析原因，查清责任，总结教训。接班值长认为无差错后，由接班人员在工作日志上依次签名，再由交班人员签名，从此时起，全部运行工作由接班人员负责，交班值长才能带领全值人员离开岗位。

4）交接班的内容一律以记录和现场交接清楚为准，凡遗漏应交待的事情，由交班者负责；凡未接清楚听明白的事项，由接班者负责；交接班双方都没有履行交接手续的内容，双方都应负责。

5）在交接班过程中，需要进行的重要操作、异常运行和事故处理，仍由交班人员负责处理，必要时可要求接班人员协助工作，待事故处理或操作结束或告一段落后，继续交接班。在交接班时间内，一般不办理工作票的许可或终结手续和一般的倒闸操作。

6）遇有以下情况不能交接班：当班发生的异常处理不清及重大操作、事故处理未告一段落时不交接；岗位不对口、精神状态不好不交接；备用设备状态不清楚不交接；设备维护及定期试验未按规定执行不交接；调度及上级命令不明确不交接；记录不全、不清不交接；工作票措施不清不交接；工作票终结后，安全措施无故不拆除不交接；设备运行参数异常、缺陷记录不清不交接；岗位清扫不干净不交接；工器具不齐全不交接。

（5）特殊情况下交接班的规定。

1）交接班时遇有重要操作或正在处理事故时，交班值长应领导全值人员继续操作或处理事故，接班人员应协助交班人员进行事故处理，并服从交班值长的指挥，直到操作告一段落或事故处理完毕后，方可进行交接班。

2）接班人员未按时到岗，交班人员应向值（班）长汇报，并继续留下值班，直到有人接班，方可进行交接班。若接班值（班）未到，应由交班值（班）长召开接班班前会并接班。接班人员精神状况不好，接班值（班）长必须找相应岗位人员代替，交班人员在代替人员到来之前不得交班。

3）交接班应正点进行，交接班以双方在运行日志上签字为准。未办完交接手续，交班人员不得擅离职守。

三、设备巡回检查制

电力生产企业中，巡回检查制度是鉴定和掌握设备基本状况，及时发现设备缺陷、设备异常运行的有效手段，也是保证设备安全正常运行的有效制度。

（一）主要内容

（1）明确检查、监督、考核的部门及职责。

（2）定岗位、定时间、定设备、定方法、定标准。做到每个岗位有详细的巡视路线、巡视时间、巡视设备、巡视方法和巡视标准。

（3）明确每台设备的检查项目，明确项目的检查标准和参数，明确参数的预警值和报警值。

（4）明确达到预警值和报警值参数的逐级汇报制度和处理流程。

（5）明确巡回检查后参数、状态的管理方法、分析方法。

（6）建立设备的动态管理台账，以利于及时抓住设备的劣化趋势，为设备的状况、寿命鉴定、检修等提供依据。

（7）巡回检查技术分析报告的内容包括：预警设备、报警设备及趋势变化的分析、采取的措施、事故处理预案。

（8）明确特殊情况下巡回检查的条件、项目、内容及注意事项。

（二）巡回检查的种类

巡回检查可分为接班前检查、班中巡回检查、检修人员的定期检查（点检）等。

（三）巡回检查的要求

（1）各岗位人员必须按规定的时间、项目、内容及路线对所管辖的设备进行巡回检查，不得擅自更改路线和变更检查内容，不得漏项，特殊情况需做特殊检查，以确保设备安全可靠运行。

（2）如遇事故处理或重要操作，不能按时巡检时，可由值（班）长决定临时变更巡视时间或省略部分巡视项目，同时应在值班日志中记录清楚，汇报运行专责（主管）。在交班时交代清楚部分未检查设备，要求下一值巡检人员重点检查。

（3）巡回检查必须由能独立值班的人员、设备专责、点检人员担任，并做到"四到"：看、听、摸、嗅。遵守《国家电网公司电力安全工作规程》的有关规定，及时、细致地对所管辖的设备进行检查，掌握设备运行状况。巡回检查时不得从事检修维护工作。

（4）巡回检查时要配备必要的检查工器具，带相关的检查记录表，及时记录有关数据。在巡回检查过程中，如机组、设备发生异常，相关人员应立即进行事故处理。如发现一般缺陷，可在检查任务完成后汇报，并登录设备缺陷。如发现有威胁机组安全运行及人身安全重大缺陷，应立即汇报值班负责人进行处理。

（5）设备停用或检修后，应进行每日一次的巡检，重点检查安全措施有无变动、安全标志牌是否齐全、与运行部分是否有明显的隔离标志或措施等。

（6）巡回检查人员衣着应符合规定。巡检中要注意保护自身安全，防止摔跌、触电等事故的发生。遇到雷雨、大风等恶劣天气时，要对重点设备加强检查。

（四）巡回检查制的工作特点

（1）在电力设备巡回检查过程中，首先要保证巡视人员的人身安全。《国家电网公司电力安全工作规程》中对此有明确的规定，如在寻找单相接地故障时，发现接地点后一定要保持足够的安全距离，接近时要做好必要的安全措施；雷雨中巡视室外设备时，不要靠近避雷针及避雷器。

（2）巡回检查的周期性和针对性。各企业对巡回检查都制订了具体的方法，规定了正常的巡视路线和巡视次数。值班人员必须按照规定的要求进行认真、细致地检查，才能发现各种设备故障、设备隐患，做到及时发现及时处理，避免事故发生。除周期性的巡检外，还应该根据设备的特点及运行方式、负荷情况、自然条件的变化等进行巡查，在特别时期，对检查的安全措施、执行人等都应有具体规定，并应对巡视的结果做好详细的记录。

（3）巡回检查时，不仅要检查设备，还要检查安全措施。发电厂供电生产现场有很多安全保护措施，一旦失去对电力安全生产会产生直接影响。另外，检修设备的安全措施尤其重要。设备检修时，由于工作间断，或工作任务的变更，安全措施是否符合现场工作条件的要求，不仅在做好安全措施的同时要仔细检查，而且在巡视过程中还要认真核对，以保证检修安全。

（4）巡回检查要善于分析。在巡视设备时，各设备及运行参数都具有一定的标准，在巡视工作中，应认真分析对照，及时掌握设备运行状态。

（五）设备巡视中存在的问题及对策

（1）对设备巡检项目和要点不清楚，巡视工作经验不足。由于电力设备更新速度非常快，新装置、新设备应用越来越多，运行中发生的异常多、类型多，所以需要值班人员不断学习，更新知识，增加经验。

（2）巡视人员在思想上对设备巡视不重视、巡视次数达不到要求，责任心不强。由于例行巡检工作比较单调，在设备运行稳定的情况下，没有操作任务，重复性的工作容易产生麻痹思想，导致对设备运行情况掌握不足。

（3）巡视时遇到问题不善于分析，缺乏冷静分析及解决问题的能力，有的故障等到巡视回来再汇报处理时，故障点就已扩大。

（4）安全责任制落实不到位，导致责任不清晰。对策：加强学习和培训，不断进行知识更新；增强设备巡视责任心教育，加强技术培训，提高分析、判断及处理能力；责任落实到人，用奖惩制度约束员工行为等。

四、设备定期轮换试验制

（一）基本定义

定期轮换是指运行设备与备用设备之间轮换运行；定期试验是指运行设备或备用设备进行动态或静态启动、保护传动，以检测运行或备用设备的健康水平。

（二）主要内容

1. 定期测试

定期测试包括：电气运行设备定期试验与轮换工作，锅炉运行设备定期试验与轮换工作，汽轮机运行设备定期试验与轮换工作，部分安全门试验，热工定期试验，公用系统定期试验，变电站内所有一次和二次设备，同时包括通风、消防等附属设备的定期试验，变电站内中央信号系统进行试验，蓄电池的定期测试，通风装置测试等；还包括消防系统、压力容器等公用系统及设施的定期试验等。

2. 定期轮换

定期轮换包括：备用变压器与运行变压器的轮换；定期对直流充电电源进行轮换，变压器冷却器电源与运行方式切换，运行中的主变压器冷却器的轮换，充电备用的主变压器和线路的切换，发电机组的倒换，事故照明回路的切换，汽轮机、锅炉专业设备的定期切换等。

定期轮换与定期试验统称为定期工作。定期工作包括每值、每日、每周、每轮值、每月、每季、每年的定期工作，以及不同季节、不同负荷和运行方式的定期工作。定期工作必须严格执行操作票制度，每项工作必须有标准的操作票。电力企业各部门应根据设备实际情况制订定期工作的项目，制订各类设备轮换与试验的方案、周期及合格标准。在进行设备定期试验、轮换前必须对被试验和被轮换（运行及备用）的设备进行检查，制订出检查内容和标准，确保试验、轮换安全、可靠。

（三）主要要求

（1）各部门应明确制订出每类试验方案、技术措施审批制度及详细的审批人员清册。定期工作开始前，要认真开展危险点分析和采取预控措施，做好事故预想，确保操作安全。

（2）各部门要建立"设备定期轮换与试验台账"，完整、准确地记录设备定期轮换与试验工作的执行情况。对在执行定期工作过程中发现的问题及缺陷要认真分析，记录在台账上，同时填写缺陷通知单。

（3）根据运行、检修规程规定，在规定时间内，由专人负责进行设备定期轮换与试验工作。工作内容、时间、试验人员及设备情况应在专用定期工作记录本内做好记录。

（4）由于某些原因，不能进行或未执行的，应在定期工作记录本内记录其原因，必须由相应专业人员批准。定期工作结束后，如无特殊要求，应根据现场实际情况，将被试设备及系统恢复到原状态。

（5）进行重要设备定期轮换与试验时，应规定相关管理人员现场监护，并做好事故预想。

（6）下列情况下，经总工程师或主管生产的领导批准后可不进行定期试验和设备轮换，但必须将原因记录清楚：

1）设备有明显缺陷，如经试验将引起缺陷发展或导致运行工况恶化，影响机组安全、经济运行。

2）设备或系统运行方式处于不稳定状态或不具备试验条件，若经试验或轮换，可能造成设备异常或事故。

3）备用设备失去备用。

4）执行单机保安全措施，涉及主机安全及重要辅机安全的定期工作。

5）其他由有关技术管理部门明文确定暂时不进行的定期工作。

6）由于各种原因未能执行定期工作的，在条件具备时相应的班组要及时补做。

设备定期轮换与维护记录簿如下所示：

设备定期轮换与维护记录簿	
专业：_____	轮换日期：_____年____月____日
设备轮换情况	操作人员：_____　　　　运行班长：_____ 切换时间：____时____分
备用设备缺陷情况	运行班长：_____　　　　日期：____月____日
缺陷设备移交	运行班长：_____　　　　检修班长：_____ 移交日期：____月____日
缺陷设备维修情况	检修班长：_____　　　　日期：____月____日
备注：每月按机电部规定以及本车间规定，进行定期轮换，不能轮换的设备，写明不能轮换原因，并移交给检修人员进行维修，检修人员立即进行维修并写明维修后是否已经能够备用。	

第三章

现场作业安全教育

第一节　现场作业的安全要求

一、作业现场的基本条件

作业现场是由人、物和环境所构成的一个生产场所，它实际上也是一个人工环境。在这个人工环境里，有生产用的各种设备装置、原材物料、各类工器具和其他杂物，还有电压电场、自然条件等不可预知的危险因素，同时还取决于操作人员的技术、方法、程序等。所以作业现场的安全管理也是从三个因素着手：对人的不安全行为管理，对物的不安全状态管理及对作业环境条件的调节和治理等。例如：作业现场的生产条件和安全设施等应符合有关标准、规范的要求，工作人员的劳动防护用品应合格、齐备；经常有人工作的场所及施工车辆上宜配备急救箱，存放急救用品，并应指定专人经常检查、补充或更换；现场使用的安全工器具应合格并符合有关要求；各类作业人员应被告知其作业现场和工作岗位存在的危险因素、防范措施及事故紧急处理措施等。

二、作业人员的基本条件

（1）经医师鉴定，无妨碍工作的病症（体格检查每 2 年至少一次）。

（2）具备必要的电气知识和业务技能，且按工作性质，熟悉《国家电网公司电力安全工作规程》的相关部分，并经考试合格。

（3）具备必要的安全生产知识，学会紧急救护法，特别要学会触电急救。

（4）特种作业人员必须按照国家有关规定，经专门的安全作业培训，取得特种作业操作资格证书。

三、作业现场的基本安全要求

（1）新参加电气工作的人员，应经过各级安全培训后，方可下现场参加指定的工作。

（2）进入生产现场，应正确佩戴安全帽。使用前应进行外观检查，不合格的不准使用。检查内容：安全帽的帽壳、帽箍、顶衬、下颚带、后扣（或帽箍扣）等组件应完好无损，帽壳与顶衬缓冲空间为 25～50mm。戴好后，应将后扣拧到合适位置（或将帽箍扣调整到合适的位置），锁好下颚带，防止工作中前倾后仰或其他原因造成滑落。高压近电报警安全帽使用前应检查其音响部分是否良好，但不得作为无电的依据。

（3）进入生产现场的着装总体要求是符合规定，整齐精干。严禁穿着尼龙、化纤类服装（包括内衣、内裤）进入生产现场，禁止戴围巾、穿风衣和大衣进入生产现场，禁止穿拖鞋、凉鞋。女工作人员还应禁止穿裙子、高跟鞋，女工作人员的辫子、长发必须盘在工作帽内。特殊作业人员除了上述着装要求外，还应穿戴相应的防护服装。如等电位作业人员，还应在衣服外面穿合格的全套屏蔽服（包括帽、衣裤、手套、袜和鞋，750kV 及以上等电位作业人员还应戴面罩），且各部分应连接良好。在感应电场所作业时，还应穿静电感应防护服、导电鞋等。带电水冲洗操作人员应戴绝缘手套、防水安全帽，穿绝缘靴、全身式雨衣。带电清扫作业人员还应戴口罩、护目镜等。在六氟化硫电气设备上的工作时，还应佩戴隔离式防毒面具等。

（4）工作票所列班组成员必须尽到以下安全责任：

1）熟悉工作内容、工作流程，掌握安全措施，明确工作中的危险点，并履行确认手续；严格遵守安全规章制度、技术规程和劳动纪律，对自己在工作中的行为负责，互相关心工作安全，并监督《国家电网公司电力安全工作规程》的执行和现场安全措施的实施。

2）正确使用安全工器具和劳动防护用品；进入带电区域，人体与带电设备的距离不得小于所规定的安全距离；在发生人身触电事故时，可以不经许可，即行断开有关设备的电源，但事后应立即报告调度（或设备运行管理单位）和上级部门；在带电设备周围禁止使用钢卷尺、皮卷尺和线尺（夹有金属丝者）进行测量工作；在户外变电站和高压室内搬动梯子、管子等长物，应两人放倒搬运，并与带电部分保持足够的安全距离。

3）严格遵守各种安全规章制度；在变、配电站（开关站）的带电区域内或邻近带电线路处，禁止使用金属梯子。人在梯子上时，禁止移动梯子；使用金属外壳的电气工具时应戴绝缘手套；高处作业均应先搭设脚手架、使用高空作业车、升降平台或采取其他防止坠落措施。在没有脚手架或者在没有栏杆的脚手架上工作，高度超过 1.5m 时，应使用安全带，或采取其他可靠的安全措施；安全带和专作固定安全带的绳索在使用前应进行外观检查。安全带应定期抽查检验，不合格的不准使用。安全带的挂钩或绳子应挂在结实牢固的构件上，或专为挂安全带用的钢丝绳上，并应采用高挂低用的方式。禁止挂在移动或不牢固的物件上；高处作业一律使用工具袋，较大的工具应用绳拴在牢固的构件上并有防止坠落的措施，防止高空坠落事故发生；在进行高处作业时，除有关人员外，不准他人在工作地点的下面通行或逗留，工作地点下面应有围栏或装设其他保护装置，防止落物伤人等。

四、进入现场作业的安全要求

（一）进入变电站（所）现场的安全要求

1. 纪律要求

新员工进入生产现场，必须遵守有关的现场纪律，听从监护人的指挥，以保证人身及设备安全。

（1）新员工必须在熟悉生产现场安全注意事项的专人带领监

护下，方可进入生产现场。

（2）新员工进入生产现场前，不得饮酒。

（3）进入生产现场，要听从指挥，遵守纪律，不准随意走动，不得擅自离队，不准吸烟，不准聊天、嬉笑，或对外打电话等做与工作无关的事情。在生产现场行走要小心，以防滑到跌伤。不准指手画脚，乱动、乱摸设备。

2. 安全要求

变电站中的设备，包括变压器、断路器、互感器以及输配电线路等，大都承受高电压，故也多属高压电器或设备，所以，进入变电站作业时，应注意以下安全要求。

（1）注意力高度集中。作业人员应熟悉并注意高压设备，与电力线、变压器等电力设备保持一定安全距离，所用工具与材料不得触及电力线和电力设备。作业应符合安全要求，操作必须规范，时刻注意作业现场存在的危险因素，做好防范措施及事故紧急处理措施，作业时注意力应高度集中。

（2）规范作业。操作人员必须持证上岗，禁止无证人员操作，作业现场的生产条件和安全设施等应符合有关标准、规范的要求，现场使用的安全工器具应合格并符合有关要求。操作符合《国家电网公司电力安全工作规程》，严格执行"两票"，明确工作内容、工作流程、安全措施、工作中的危险点，并履行确认手续，严格遵守安全规章制度、技术规程和劳动纪律，正确使用安全工器具和劳动保护用品，严禁在高压线附近抛丢材料、工具及废弃物等。若检修电力变压器及其控制装置，应填写作业票，并做好下列安全措施：室内变压器应先断开低压侧的负荷，再断开高压侧的电源，并将高压柜的出口及低压总柜的进口处，三相短路并挂接地线。如是小车柜，则应将小车拉出，关门上锁。高压侧及低压侧的合闸手柄或控制盘上合闸转换开关的手柄上悬挂"禁止合闸，有人工作！"的标志牌。电力变压器的检修，无论线路是否停电，变压器的操作均以带电论；在变压器顶盖上作业时必须穿软底鞋，工具的传递必须手对手，且轻拿轻放。

（3）悬挂各种警示标志并设置围栏。在室外高压设备上进行检修工作、预试及室外扩建、改建施工时，在工作地点四周装设全封闭遮栏网或围栏，其出入口要围至邻近道路旁边，并设置"从此进出"标示牌。围栏上悬挂适当数量的"止步！高压危险！"标示牌。若室外设备装置的大部分设备停电，只有个别地点保留有带电设备而其他设备不可能触及带电导体时，应在带电设备四周装设全封闭遮栏网或围栏，围栏上悬挂适当数量的"止步！高压危险！"标示牌，严禁工作人员擅自移动或拆除遮栏（围栏）、标示牌。停电后的变压器与周围带电部分的距离不能满足检修作业时，必须设置遮栏，并有监护人监护。做试验时，周围严禁有人，地面应设围栏，并悬挂"止步！高压危险！"的标示牌，并派专人监护。

（4）与设备保持一定安全距离。变压器等设备正常运行时，所带电压常常是几千伏、几万伏甚至是几十万伏。与人体距离较近时，所带的高电压有可能击穿它们与人体之间的空气，于是发生通过人体产生的放电现象，所以在变电站一次设备区作业时，必须与电气设备保持足够的安全距离，尤其是周围环境空气湿度较大时。

（5）注意防火防爆。变压器、继电器、电容器等，含油较多，且容易发生漏油，其蒸气与空气混合形成爆炸性气体，遇明火会发生爆炸，变压器的其他绝缘材料，如电缆纸、漆布、木材等均为易燃和可燃物质。在过电压冲击、局部绝缘受伤或者变压器进水受潮时，会引起绝缘击穿，造成短路，产生电弧，并可能发生燃烧着火事故。所以作业现场不得放置易燃物品，应有妥善的安全防火措施，并应准备足够的消防器材。

（6）新员工的安全要求。室外变电所有许多架构，是用来装设高压母线的，新员工进入室外变电所后，要行走在通道上，不准乱跑、乱跳，不准攀登，也不要在母线设备下面或高压开关、互感器、避雷器等设备附近较长时间逗留，以防摔跌和触电。

主变压器是变电所的主要设备，它设有专用攀登梯子，供检修人员在停电作业时使用，平时梯子上挂有"高压危险，禁止攀登"的警告牌，任何人员不可移开或攀登。为防止雷击电气设备，室外变电所均设有避雷针，切不可攀登。雷雨天时，不准在其周围停留。新员工在生产现场遇到突然发生事故时，应迅速在专人带领下撤离现场，以防影响值班人员处理事故或威胁自身安全。

（二）进入电缆室（间）作业的安全要求

变电站电缆室有如下特点：电缆条数众多，管线复杂，电缆名称繁杂，电缆走向多变，加之各种电缆支架的存在，空间相对狭小，导致对电缆的识别和操作相对较难。所以进入电缆间作业时，应注意以下安全要求：

1. 基本要求

进入电缆间工作前，应经当值运行人员许可，应详细核对电缆名称、标示牌与工作票所写的是否相符，安全措施是否正确可靠，电力电缆设备的标示牌要与电网系统图、电缆走向图和电缆资料的名称一致。

2. 安全措施

（1）对供电设备的各类保护进行检查，确保电气设备保护灵敏可靠，防止触电。作业人员要佩戴好各种绝缘装备及防护用品。作业过程中，要有作业负责人全程监管负责，作业人员要小心、仔细，移动过程中，尽量不要攀扶电缆，严格按安全规程操作。作业完毕后，应立即离开电缆室，并将门锁好，钥匙派专人严格保管，使用时要登记。

（2）敷设电缆时，应有专人统一指挥。电缆走动时严禁用手搬动滑轮，以防压伤。移动电缆接头盒一般应停电进行，带电移动时，应先调查该电缆的历史记录，在专人统一指挥下，由敷设电缆有经验的人员平正移动，防止绝缘损伤爆炸。

电缆搬运时应缠在盘上运输，人力推动时应顺电缆圈匝缠紧的方向或盘上标明的箭头方向滚动，以免造成松散、缠绞；电缆通过孔洞或楼板时，两侧应设监护人，入口处应防止电缆被卡或手被带入孔中；电缆敷设时，任何时候必须保证电缆的弯曲半径在允许范围之内；拐弯处的施工人员应站在电缆外侧，临时打开的隧道孔应设遮栏或警告标志，完工后应立即封闭；不得再攀援电缆，防止触电。

电缆头制作时严格按照电缆头附件产品使用说明书进行，在作业过程中，操作人员应戴防护镜、手套等，做完电缆头时，应及时灭火，清除杂物，以防发生火灾；高处加灌电缆胶时，下面不准站人，作业人员应戴防护眼镜。加热电缆胶或熔铅时，应戴口罩、手套及鞋盖。

锯断废旧电缆时，必须停电、放电、验电，然后将电缆芯接地，并办理工作许可手续。同时应与电缆走向图纸核对相符，并使用专用仪器（如感应法）确切证实电缆无电后，用接地的带绝缘柄的铁钎钉入电缆芯后，方可工作。

使用携带型火炉或喷灯时，火焰与带电部分的距离：电压在10kV及以下者，不得小于1.5m；电压在10kV以上者，不得小于3m。不得在带电导线、带电设备、变压器、油断路器（开关）附近以及在电缆夹层点火；电缆施工完成后应将穿越过的孔洞进行封堵，以达到防水或防火和防小动物的要求。

（3）进入电缆井（隧道）的安全要求。

1）进入运行电缆井（隧道）内作业前，应办理电气线路工作票和作业票，开启电缆井井盖及电缆隧道孔盖时应使用专用工具，以免滑脱后伤人或掉落井内损伤运行电缆，开启后的井盖应与孔口保持安全距离，不得竖立。

2）开启后的电缆井应有防护栏、锥筒、警示牌、警示灯等安全措施，专职安全员现场监护。首先必须进行通风，检测有无易燃易爆及有毒有害气体，并做好记录，方可进入电缆井内作业。井内有积水时，应先排除积水，清除杂物，方可进入电缆井内作业。

3）作业人员进入电缆井前，应戴好安全帽，不准将易燃、易爆品带入电缆井；上、下电缆井必须使用梯子，严禁蹬踩电缆或支架、托板，严禁从电缆井口跳下。

4）在电缆井内作业，严禁采取抛掷方式递送材料、工具。严禁吸烟，严禁使用喷灯。电焊作业时，应提前办理动火作业票，并有效落实消防措施。作业完毕后，应检查井内有无遗留工具、材料及杂物，然后盖好电缆井盖，最后撤除安全防护措施。

（4）电缆操作时的注意事项。

1）电缆连接处连接螺栓应连接紧，连接时注意不要将电缆的连接相色连接错。

2）连接时注意两端标识应该完全一致；电缆走线时，相互间建议平行放置，禁止交叉扭在一起；电缆的扭曲半径应大于相应的电缆的曲率半径。

3）禁止损伤电缆，不要用力过大拖电缆，以免会导致电缆损坏或将电缆与插件连接处脱落，禁止带电插拔插件等。

（三）进入配电室现场的安全要求

（1）配电室内禁止吸烟。非工作人员进入配电室，必须经电工主管或用电专工批准后由电工值班员陪同方可入内。保持配电室清洁卫生，地面、墙壁、门窗、设备无积尘，无水渍、油渍。员工进入配电室要随手关门，以防止小动物如老鼠等窜入配电室，爬到带电设备上造成设备接地或短路事故。

（2）不得擅自更改配电室、线路及用电设施，须经用电专工及电工主管批准后方可更改。应严格按照操作规程操作变配电、用电设备，保证设备正常运行。进行变配电、用电设备检修时，应填写"检修工作单"，用电专工批准后方可进行。全部停电或部分停电作业时，应在断开的开关、刀闸把柄上悬挂"有人工作，禁止合闸"的标示牌。

（3）严禁带电作业，紧急情况下须带电作业时，应有监护人和足够的照明、空间，穿戴绝缘手套、安全帽，站在干燥的绝缘物上操作。自动空气开关跳闸或熔断器熔断时，应查明原因再进行恢复，必要时允许试送电一次，但是必须做好防护工作。操作高压设备必须穿戴绝缘手套、绝缘靴及工作帽。维修、检修过程中应遵守安全操作程序。

（4）高压配电室安装有母线、隔离开关、高压开关等设备，这些设备都是带电设备，并且有些带电导线裸露在外面，它们的电压都很高，人体与它们之间距离小于一定安全距离时，就会被高压电击伤。例如：10kV 高压电气设备安全距离是 0.7m，110kV 高压设备的安全距离是 1.5m。因此，在这些地方不准直接触摸，也不能指手画脚，以防超出安全距离被高压电击伤。

（5）在所有运行或备用的高压开关室的间隔上，均挂有"止步！高压危险！"警告牌，这些开关间隔内设备都带有高电压，任何人均不可进入，也不准将悬挂的警告牌去掉，以免使别人误认为该间隔不带电，进入后造成人身伤害。

（四）变电作业现场安全要求

（1）新参加工作的人员，没有实际工作经验，不允许担任运行值班负责人或单独值班。无论高压设备是否带电，工作人员不得单独移开或越过遮栏进行工作；若有必要移开遮栏时，应有监护人在场，并保持所规定的安全距离。

（2）雷雨天气，需要巡视室外高压设备时，应穿绝缘靴，并不得靠近避雷器和避雷针。雷雨天进入设备区，不得打雨伞，应穿雨衣。新进人员未经批准不允许单独巡视高压设备。火灾、地震、台风、冰雪、洪水、泥石流、沙尘暴等灾害发生时，如需要对设备进行巡视时，应制订必要的安全措施，得到设备运行单位分管领导批准，并至少两人一组，巡视人员应与派出部门之间保持通信联络。雷电时，一般不进行倒闸操作，禁止在就地进行倒闸操作。

（3）高压设备发生接地时，室内不得接近故障点 4m 以内，室外不得接近故障点 8m 以内。进入上述范围人员应穿绝缘靴，接触设备的外壳和构架时，应戴绝缘手套。在高压设备上工作，应至少两人进行，并完成保证安全的组织措施和技术措施。

（4）工作许可手续完成后，工作负责人、专责监护人应向工作班成员交代工作内容、人员分工、带电部位和现场安全措施，进行危险点告知，并履行确认手续，工作班方可开始工作。所有工作人员（包括工作负责人）不许单独进入、滞留在高压室和室外高压设备区内。工作人员进入 SF_6 配电装置室，入口处若无 SF_6 气体含量显示器，应先通风 15min，并用检漏仪测量 SF_6 气体含量应合格。尽量避免一人进入 SF_6 配电装置室进行巡视，不准一人进入从事检修工作。

（5）在继电保护、安全自动装置及自动化监控系统屏间的通道上搬运或安放试验设备时，不能阻塞通道，要与运行设备保持一定距离，防止事故处理时通道不畅，防止误碰运行设备，造成相关运行设备继电保护误动作。清扫运行设备和二次回路时，要防止振动，防止误碰，要使用绝缘工具。二次回路通电或耐压试验前，应通知运行人员和有关人员，并派人到现场看守，检查二次回路及一次设备上确无人工作后，方可加压。

（6）高压试验现场应装设遮栏或围栏，遮栏或围栏与试验设备高压部分应有足够的安全距离，向外悬挂"止步！高压危险！"的标示牌，并派人看守。严禁工作人员擅自移动或拆除接地线。禁止任何人越过围栏。高压试验工作人员在全部加压过程中，应精力集中，随时警戒异常现象发生，操作人应站在绝缘垫上。

（7）变电站内外工作场所的井、坑、孔、洞或沟道，应覆以与地面齐平而坚固的盖板。在检修工作中如需将盖板取下，应设临时围栏。临时打的孔、洞，施工结束后，应恢复原状。变电站内外的电缆，在进入控制室、电缆夹层、控制柜、开关柜等处的电缆孔洞，应用防火材料严密封闭。高压配电室、主控室、保护室、电缆室、蓄电池室装设的防小动物挡板不得随意取下。

（8）做断路器、隔离开关、有载调压装置等主设备的远方传动试验时，主设备处应设专人监视，并有通信联络或就地紧急操作的措施。测量二次回路的绝缘电阻时，应切断被试系统的电源，其他工作应暂停。

（五）线路作业安全要求

（1）单独巡线人员应考试合格并经工区（公司）分管生产领导批准。电缆隧道、偏僻山区和夜间巡线应由两人进行。汛期、暑天、雪天等恶劣天气巡线，必要时两人进行。单人巡线时，禁止攀登电杆和铁塔。遇有火灾、地震、台风、冰雪、洪水、泥石流、沙尘暴等灾害发生时，如需对线路进行巡视，应制订必要的安全措施，并得到设备运行管理单位分管领导批准。巡视应至少两人一组，并与派出部门之间保持通信联络。

（2）雷雨、大风天气或事故巡线，巡视人员应穿绝缘鞋或绝缘靴；汛期、暑天、雪天等恶劣天气和山区巡线，应配备必要的防护用具、自救器具和药品；夜间巡线应携带足够的照明工具。夜间巡线应沿线路外侧进行；大风时，巡线应沿线路上风侧前进，以免万一触及断落的导线；特殊巡视应注意选择路线，防止洪水、塌方、恶劣天气等对人的伤害。巡线时禁止泅渡。事故巡线应始终认为线路带电，即使明知该线路已停电，亦应认为线路随时有恢复送电的可能。巡线人员发现导线、电缆断落地面或悬挂空中，应设法防止行人靠近断线地点 8m 以内，以免跨步电压伤人，并迅速报告调度和上级，等候处理。

（3）砍剪树木时，应防止马蜂等昆虫或动物伤人。上树时，不应攀抓脆弱和枯死的树枝，并使用安全带。安全带不准系在待砍剪树枝的断口附近或以上。不应攀登已经锯过或砍过的未断树木。砍剪树木时应有专人监护，待砍剪的树木下面和倒树范围内不准有人逗留，城区、人口密集区应设置围栏，防止砸伤行人。树枝接触或接近高压带电导线时，应将高压线路停电或用绝缘工具使树枝远离带电导线至安全距离，此前禁止人体接触树木。

（4）登杆塔和在杆塔上工作时，每基杆塔都应设专人监护。

作业人员登杆塔前应核对停电检修线路的识别标记和双重名称无误后，方可攀登。攀登杆塔作业前，应先检查根部、基础和拉线是否牢固。遇有冲刷、起土、上拔或导地线、拉线松动的杆塔，应先培土加固，打好临时拉线或支好架杆后，再行登杆。上横担进行工作前，应检查横担连接是否牢固和是否有腐蚀情况，检查时安全带（绳）应系在主杆或牢固的构件上。登杆塔前，应先检查登高工具、设施等是否完整牢靠。禁止携带器材登杆或在杆塔上移位。禁止利用绳索、拉线上下杆塔或顺杆下滑。攀登有覆冰、积雪的杆塔时，应采取防滑措施。作业人员攀登杆塔、杆塔上转位及杆塔上作业时，手扶的构件应牢固，不准失去安全保护，并防止安全带从杆顶脱出被锋利物损坏。

（5）在杆塔上作业时，应使用有后备绳或速差自锁器的双控背带式安全带，当后保护绳超过 3m 时应使用缓冲器。安全带和保护绳应分挂在杆塔不同部位的牢固构件上。后备保护绳不准对接使用。在杆塔上作业，工作点下方应按坠落半径设围栏或其他保护措施。杆塔上下无法避免垂直交叉作业时，应做好防落物伤人的措施，作业时要相互照应，密切配合。在杆塔上水平使用梯子时，应使用特制的专用梯子。工作前应将梯子两端与固定物可靠连接，一般应由一人在梯子上工作。

（6）在相分裂导线上工作时，安全带（绳）应挂在同一根子导线上，后备保护绳应挂住整相导线。

（六）发电厂作业现场安全要求

1. 基本安全要求

（1）作业人员必须体检合格以及安全技术和专业技术培训考试合格，并取得相应的上岗资格方可上岗。

（2）作业人员应学会触电、窒息急救法、心肺复苏法，并熟悉有关烧伤、烫伤、外伤、气体中毒等急救常识，工作期间应保持良好的精神状态，工作前 6h 不能酗酒。

（3）工作人员必须学会正确使用个人安全防护用品，并根据作业场所要求使用相应的防护用品。着装应符合相关规定，工作时必须穿着合格的工作服，衣服和袖口必须扣好；禁止戴围巾、穿拖鞋、凉鞋，女工作人员禁止穿裙子、高跟鞋；辫子、长发必须盘在工作帽内；做接触高温物体或化学危险品的工作时，应戴手套和穿专用的防护工作服。作业现场所有工作人员必须按规定佩戴安全帽等。

2. 作业前准备工作的安全要求

（1）作业前必须进行安全技术交底和危险点分析与预控工作，明确岗位责任。作业人员应清楚了解作业过程和作业内容、安全职责及安全注意事项并签名确认。

（2）作业前应对所使用的安全工器具进行检查，禁止使用未经检验合格的安全工器具；做好检修设备与运行设备的安全隔离措施，设置完善的安全标示牌，避免误操作等事故的发生。

（3）严格执行"两票"制度，严禁无票工作。作业前工作负责人和工作许可人应共同到现场检查安全措施确已正确地执行，并在工作票上签字，才允许开始工作。工作负责人应随身携带工作票，以便随时检查安全措施的落实执行情况和有无超范围工作。禁止无安全措施工作。

3. 现场作业的安全要求

（1）作业过程中，工作人员必须严格遵守《国家电网公司电力安全工作规程》等规程、规范，严格执行现场安全技术措施，并互相监督，做到"四不伤害"。工作人员接到违反安全规程、规定的命令，必须拒绝执行，并向上级部门汇报。

（2）作业过程中，工作负责人（监护人）必须始终在工作现场，对工作班人员的安全认真监护，及时纠正违反安全的行为。如工作负责人因故必须离开工作地点时，应指定能胜任的人员临时代替，离开前应将工作现场交代清楚，并告知工作班人员，原工作负责人返回工作地点时，也应履行同样的交接手续。若工作负责人需长时间离开现场，应由原工作票签发人变更新工作负责人，两工作负责人应做好必要的交接。

（3）严格执行工作监护制度，严禁在没有监护人的情况下在电气设备上工作。工作间断时，工作班人员应从工作现场撤出，所有安全措施保持不动，工作票仍由工作负责人执存。每日收工时，应清扫工作地点，开放已封闭的通路，并将工作票交回值班员；次日复工时，应征得值班员许可，取回工作票，工作负责人必须事前重新检查安全措施符合工作票的要求后，方可工作。

（4）在未办理工作票终结手续时，值班人员不准将施工设备合闸送电并严禁约时停送电。

（5）作业中如需将作业场所的井、坑、孔、洞或沟道的盖板取下，必须设立临时围栏。作业结束后，临时打的孔、洞必须恢复原状。作业场所的地板上临时放有容易使人绊倒的物件时，必须设置明显的警告标志，地面的油渍、污泥等应及时清除，以防滑跌。作业场所必须根据作业特点配置足够的安全标示牌，任何人不能擅自移作他用。

（6）高空作业必须先搭设脚手架或做好防止高空坠落的安全措施，工具及材料要用绳系牢后上下吊送，禁止将工具、材料上下投掷。电气作业必须做好防止触电的安全措施。禁止在不经验电接地的电气设备上工作。

（7）严禁在起吊重下逗留或经过，有转动机械的作业必须做好防止设备突然转动的措施，禁止在转动的机器上进行作业。在管道、容器内的作业，应做好通风措施，使用相应的个人安全防护用品，作业中必须严格执行安全作业规程，严禁擅自修改安全技术措施。作业中如发现特殊情况，应停止工作，并立即向上级部门汇报。

（8）工作负责人及各级管理人员在作业现场应时刻检查安全措施是否满足作业要求，进行安全监督、检查、落实等，及时消除各种安全隐患，发现违章现象及时纠正，做好检查、记录，并立即责其停工整改。

4. 作业结束后的安全要求

对作业现场进行全面清理、检查，待全体工作人员撤离工作地点后，再向值班人员交代清楚检修项目、发现问题、处理情况等，并与值班人员共同检查设备状况、有无遗留物件、是否清洁等，然后在工作票上填明工作终结时间，经双方签字确认后，工作方告结束。

（七）高处作业的安全要求

电力系统的发电、供电、基建中有很多高处作业，如锅炉的安装、检修；汽轮机、发电机部分设备的安装、检修；起重设备的安装、检修；高处安装照明设备；送变电公司或供电企业立塔、架线作业等。如果不注意或不遵守高处作业安全施工的有关规定，就有可能发生高处坠落、物体打击等事故。

1. 作业前的安全要求

（1）检查各种工具和防护用具以及其他设施是否安全可靠，发现问题应立即调整、更换，经确认符合安全要求才能开始作业。作业人员必须做好工作前的一切准备，检查脚手架和所用的工具、设施、安全用具等，按规定穿戴好防护用品，系好安全带，裤脚要扎住，戴好安全帽，不准穿光滑底、硬底鞋。地面应有专人监护、联络。登高工具应按相关安全规定进行检查与试验。

（2）上杆塔作业前，应检查根部、基础和拉线是否牢固，强度是否足够，新立杆塔在杆基未完全牢固或做好临时拉线前，严禁攀登。遇有冲刷、起土、上拔或导地线、拉线松动的杆塔，应先培土加固，打好临时拉线或支好杆架后，再行登杆。

（3）登杆塔前，应先检查登高工具和设施，如脚扣、升降板、安全带、梯子和脚钉、爬梯、防坠装置等是否完整牢靠。禁止携带器材登杆或在杆塔上移位。严禁利用绳索、拉线上杆塔或顺杆下滑。上横担进行工作前，应检查横担连接是否牢固和腐蚀情况、检查时安全带（绳）应系在主杆或牢固的构架上。

2. 作业现场的安全要求

（1）高处作业时，必须系好安全带。安全带应挂在牢固的构架上或专为挂安全带用的钢架或钢丝绳上，并不得低挂高用，禁止系挂在移动或不牢固的物件上。系安全带后应检查扣环是否扣牢。

（2）在杆塔高空作业时，应使用有后备绳的双保险安全带，安全带和保护绳应分别挂在杆塔不同部位的牢固构架上，应防止安全带从杆顶脱出或被锋利物损坏。人员在转位时，手扶的构架应牢固，且不得失去后备绳的保护。220kV 及以上线路杆塔宜设置高空作业工作人员上下杆塔的防坠安全保护装置。杆塔上下无法避免垂直交叉作业时，应做好防落物伤人的措施，作业时要相互照应，密切配合。

（3）高处作业应使用工具袋，较大的工具应固定在牢固的构件上，不准随便乱放。上下传递物件应用绳索拴牢传递，严禁上下抛掷。在高处作业现场，工作人员不得站在作业处的垂直下方，高空落物区不得有无关人员通行或逗留。在行人道口或人口密集区从事高处作业，工作点下方应设围栏或其他保护措施，起吊重物下严禁站人。

（4）使用的各种梯子必须符合相关标准规定，并应有防滑装置并牢固可靠。在架空线路上使用软梯作业或用梯头进行移动作业时，软梯或梯头上只准一人工作，工作人员到达梯头上进行工作和梯头开始移动前应将梯头的封口可靠封闭，否则应使用保护绳防止梯头脱钩。

（5）高处作业人员在上下时，不得乘坐货梯和非载人的吊笼，必须从指定的路线上下；不准在高处投掷任何物件；不准将易滚易滑的物件堆放在脚手架上，工具、材料要放平稳牢固。工作完毕应及时将工具、零星构件、零部件等一切易坠落物件清理干净。

（6）进行高处焊接、氧割作业时，必须事先清除火星飞溅范围的易燃易爆品。若在锅炉、压力容器、金属构件、大中型产品工件等处作业高度大于等于 2m 时，必须搭设活动梯台、平台及防护栏网，禁止在无防护技术措施情况下登高作业。

（7）脚手板、斜道板、跳板和交通运输道，应随时清扫，不得有泥沙和冰雪，要采取有效防滑措施，并经工程负责人会同安全员检查同意后方可开工。

（8）在气温低于零下 10℃时，不宜进行高处作业。遇有 6 级及以上大风或恶劣气候时，应停止露天高处作业。高处连续工作时间不宜超过 1h。在冰雪、霜冻、雨雾天气进行高处作业，应采取防滑措施。

（八）进入施工现场的安全要求

（1）自觉遵守安全生产规章制度，不进行违章作业，随时制止他人违章作业，正确使用机器、设备、工具及个人防护用品，做到自己不伤害自己，自己不伤害他人，自己不被他人伤害，保护他人不被伤害。严格执行操作规程，不得违章指挥和违章作业，对违章作业的指令有权拒绝，并有责任制止他人违章作业。遵守劳动纪律，服从领导和安全检查人员的指挥，工作时集中思想，坚守岗位。

（2）掌握本工种安全技术操作规程。掌握防止高处坠落、物体打击，以及机械、电气等常见事故伤害的一般技术措施。能应付常见事故的现场应急处理。掌握安全"三宝"（安全帽、安全带、安全网）的正确使用方法。能正确使用工种、岗位所涉及的工具和设备。能使用常用的灭火器材设备。能对工具、设备、环境以及劳动用品安全穿戴情况进行自查。按照作业要求正确穿戴个人防护用品，正确使用防护装置和防护设施，对各种防护装置、防护设施和警告、安全标志等不得随意拆除和随意挪动。

（3）进入现场必须戴好安全帽，在施工现场行走要注意安全，不得攀登脚手架、井字架和随吊盘上下。不准从正在起吊、运吊中的物体下通过。严禁在无照明设施，无足够采光条件的区域、场所内行走、逗留。不准在没有防护的外墙和外壁板等建筑物上行走。不准从高处往下跳或奔跑作业。不准进入挂有"禁止出入"或设有危险警示标志的区域、场所。不准站在小推车等不稳定的物体上操作。

（4）不懂机械和电器的人员严禁使用和摆弄机电设备。机电设备应完好，必须有可靠有效的安全防护装置。机电设备停电、停工休息时必须拉闸关机，按要求上锁。机电设备运行时，不准将头、手、身伸入运转的机械行程范围内。工作前必须检查机械、仪表、工具等，确认安全完好后方可使用。施工机械和电气设备不得带病运转和超负荷作业，发生不正常情况应停机检查，不得在工作运转中进行检查和修理。电气、仪表、管道和设备试运转，应严格按照单项安全技术措施进行，运转时不准擦洗和修理。

（5）搭、拆脚手架时，必须注意施工现场的用电，如配电箱、电缆、外用线路等，严禁乱扔乱丢，以防触电或击伤他人。脚手板要铺满、绑牢、无探头板，并要牢固地固定在脚手架的支撑上，脚手架的任何部分均不得与模板相连。脚手架上的材料和工具要堆放整齐，积雪和杂物应及时清除。有坡度的脚手板，要加防滑木条。拆除脚手架，一步一清，不准上下同时作业。拆除脚手架大横杆、剪刀撑，应先拆中间扣，再拆两头扣，吊中间操作人往下顺杆子。拆下的脚手杆、脚手板、钢管、扣件、钢丝绳等材料，应向下传递或有绳吊下，禁止往下投扔。

（6）高处作业超过 2m 的一定要系安全带，安全带悬挂要求是"高挂低用"。施工人员必须正确戴安全帽，登高作业需要时下方要拉"安全网"，防止高空坠落。高处作业前，必须对有关防护设施及个人安全防护用品进行检查，不得在存在安全隐患的情况下强行冒险作业。作业时衣着要灵便，禁止穿易滑的鞋。高处作业所用材料要堆放整齐，不得妨碍作业，并制订防止坠落的措施。工具用完应随手放入工具袋内。上下传递物件禁止抛掷。遇有恶劣天气（如风力在六级以上）影响施工安全时，禁止进行露天高处作业。使用梯子登高作业，梯子不得缺档，不得垫高使用，使用时上端要固定牢固，下端应有防滑措施。没有安全防护措施，禁止在高处未固定的构件上行走，高处作业与地面的联系，应有通信装置，由专人负责。乘人的外用电梯、吊笼，应有可靠的安全保护装置，禁止攀登起重臂、绳索或随同运料的吊篮，吊装物上下等。

（7）施工现场的建筑材料和构件堆放要整齐稳妥，不要过高。施工现场脚手架、防护设施、安全标志、警告牌、脚手架连接件不得擅自拆除，需要拆除时必须经施工负责人同意。危险区域要有明显标志，要采取防护措施，夜间要设红灯示警。拆除脚手架等应设围栏及警戒标志，并设专人看管，禁止无关人员入内。拆除顺序由上而下，一步一清，不准上、下同时作业。施工现场的洞、坑、沟、升降口、漏斗等危险处，应有防护设施或明显标志。上下交叉作业有危险的出入口要有防护棚或其他隔离设施，地面 2m 以上作业要有防护栏杆、挡板或安全网。安全帽、安全带、安全网要定期检查，不符合要求的，严禁使用。

（8）线路施工无论高低压设备施工，一律严格执行工作票、操作票制度。现场施工人员必须戴安全帽，安全帽必须系带，登杆作业时要使用安全带，并不得失去安全带保护。严禁采用突然剪断导线的方式放旧线，必须用绳索缓慢进行。架设新线的放线，要有过线滑车，放线中的接头，要严加管理，拽不动的绝不能硬拽，以免刮坏其他设备或建筑物等。紧线时，要有统一指挥和信号，道口要设专人看守，以免刮人。紧线时严禁"过牵引"，以免造成倒杆断线伤人事故。换立新杆工作必须统筹安排好，若利用旧杆起新杆，新杆坑与旧杆坑要至少有 50cm 的保护距离。各种起重工器具要做到充分检查，包括绞磨、钢丝绳、抱杆、大绳、各种滑车、缓冲器等，不合格的绝不准用。立放杆应使用专用工具，要有专人指挥，统一信号、统一口令、统一指挥，要采用角度滑子，电杆起立到一定高度时应检查各部受力情况，杜绝放野杆。涉及交叉跨越电力线、通信线路的，必须采取可靠的安全措施后，方可施工，对于同杆架的，必须停电进行，严禁带电进行。施工中要加强用户自备电源的安全管理，防止由于反送电造成人员伤亡事故，在具有自备电源的分支线上，必须加挂地线予以封闭。施工中遇有高低压电容器补偿点的，必须进行检查，在充分放电接地后方可施工。低压线路施工，必须将中性线做好标志，防止380V电压进户，而造成不必要的损失。

（九）在六氟化硫（SF_6）电气设备上工作的安全要求

（1）装有 SF_6 设备的配电装置和 SF_6 气体实验室，应装设强力通风装置，风口应设置在室内底部，排风口不应朝向居民住宅或行人；在室内，设备充装 SF_6 气体时，周围环境相对湿度应不大于80%，同时应开启通风系统，并避免 SF_6 气体泄漏到工作区。

（2）工作区空气中 SF_6 气体含量不得超过 1000μL/L；主控制室与 SF_6 配电装置室间要采取气密性隔离措施。SF_6 配电装置室与其下方电缆层、电缆隧道相通的孔洞都应封堵。SF_6 配电装置室及下方电缆层隧道的门上，应设置"注意通风"的标志；SF_6 配电装置室、电缆层（隧道）的排风机电源开关应设置在门外；在 SF_6 配电装置室低位区应安装能报警的氧量仪和 SF_6 气体泄漏报警仪，在工作人员入口处应装设显示器。上述仪器应定期检验，保证完好。

（3）工作人员进入 SF_6 配电装置室，入口处若无 SF_6 气体含量显示器，应先通风 15min，并用检漏仪测量 SF_6 气体含量应合格。尽量避免一人进入 SF_6 配电装置室进行巡视，不准一人进入从事检修工作；工作人员不准在 SF_6 设备防爆膜附近停留。若在巡视中发现异常情况，应立即报告，查明原因，采取有效措施进行处理；进入 SF_6 配电装置地位区域或电缆沟进行工作应先检测含氧量（不低于18%）和 SF_6 气体含量是否合格。

（4）在打开的 SF_6 电气设备上工作的人员，应经专门的安全技术知识培训，配置和使用必要的安全防护用具；设备解体检修前，应对 SF_6 气体进行检验。根据有毒气体的含量，采取安全防护措施。检修人员需穿着防护服并根据需要佩戴防护面具或正压式空气呼吸器。打开设备封盖后，现场所有人员应暂离现场

30min。取出吸附剂和清除粉尘时，检修人员应戴防毒面具或正压式空气呼吸器和防护手套；设备内的 SF_6 气体不准向大气排放，应采取净化装置回收，经处理检测合格后方准再使用。回收时作业人员应站在上风侧，SF_6 配电装置发生大量泄漏等紧急情况时，人员应迅速撤出现场，开启所有排风机进行排风。未佩戴防毒面具或正压式空气呼吸器人员禁止入内。只有经过充分的自然排风或强制排风，并用检漏仪测量 SF_6 气体合格，用仪器检测含氧量（不低于 18%）合格后，人员才准进入。

（5）发生设备防爆膜破裂时，应停电处理，并用汽油或丙酮擦拭干净；进行气体采样和处理一般渗漏时，要戴防毒面具或正压式空气呼吸器并进行通风；禁示检修人员在 SF_6 断路器（开关）外壳上进行工作；检修结束后，检修人员应洗澡，把用过的工器具、防护用具清洗干净。

（6）SF_6 气瓶应放置在阴凉干燥、通风良好、敞开的专门场所，直立保存，并应远离热源和油污的地方，防潮、防阳光曝晒，并不得有水分或油污粘在阀门上。搬运时，应轻装轻卸。

第二节　习惯性违章

一、习惯性违章的分类

按照违章的性质，习惯性违章可分为习惯性违章操作、习惯性违章作业和习惯性违章指挥等。

习惯性违章操作，即在操作中沿袭不良的传统习惯做法，违反安全工作规程所规定的安全操作技术或操作程序的行为；习惯性违章作业，即违反《国家电网公司电力安全工作规程》的相关规定，按照不良的传统习惯，随心所欲地进行电力生产或施工活动；习惯性违章指挥，即负责人在指挥作业过程中，违反安全规程的要求，按不良的传统习惯进行指挥的行为。

二、习惯性违章的防范

（1）提高思想认识，真正把反习惯性违章工作的重点放在抓预防上。

（2）多做基础工作，进行超前预防，如加强对新工人或临时工的安全教育，提高他们的安全观念和安全技术素质；抓好劳动纪律，培养职工养成遵章守纪的习惯；抓好班组长的培训工作，让他们成为反习惯性违章的带头人等。

（3）善于抓苗头，见微知著，把习惯性违章消灭在萌芽状态。要善于发现习惯性违章的苗头，力争抓小抓早，从根上予以铲除。

（4）举一反三，抓好整改工作。对因习惯性违章而造成的事故，应加强调查分析工作，真正弄清原因、性质和应吸取的教训，认真地进行整改，以预防此类事故或其他类事故的重复发生。

（5）善于抓好全面管理，把预防工作做到每一个人身上、每一个作业环节上，并贯穿于作业任务的全过程。特别要做好重点人和薄弱环节的工作。

三、习惯性违章的形式

习惯性违章的形式多种多样，下面举例说明。

进入作业现场未按规定正确佩戴安全帽，从事高处作业未按规定正确使用安全带等高处防坠用品或装置；作业现场未按要求设置围栏；作业人员擅自穿、跨越安全围栏或超越安全警戒线；不按规定使用操作票进行倒闸操作；不按规定使用工作票进行工作；现场倒闸操作不戴绝缘手套；雷雨天气巡视或操作室外高压设备不穿绝缘靴；约时停、送电，擅自解锁进行倒闸操作；倒闸操作前不核对设备名称、编号、位置，不执行监护复诵制度或操作时漏项、跳项；倒闸操作中不按规定检查设备实际位置，不确认设备操作到位情况。防误闭锁装置钥匙未按规定使用，专责监护人不认真履行监护职责，从事与监护无关的工作等。

停电作业装设接地线前不验电，装设的接地线不符合规定；

不按规定和顺序装拆接地线，漏挂（拆）、错挂（拆）标示牌，工作票、操作票、作业卡不按规定签名；开工前，工作负责人未向全体工作班成员宣读工作票，不明确工作范围和带电部位，安全措施不交代或交代不清就允许工作人员作业；工作许可人未按工作票所列安全措施及现场条件，布置完善工作现场安全措施；作业人员擅自扩大工作范围、工作内容或擅自改变已设置的安全措施。

工作班成员还在工作或还未完全撤离工作现场，工作负责人就办理工作终结手续；工作负责人、工作许可人不按规定办理工作许可和终结手续。

不按规定使用合格的安全工器具，使用未经检验合格或超过检测周期的安全工器具进行作业（操作）；巡视或检修作业，工作人员或机具与带电体不能保持规定的安全距离；在开关机构上进行检修、解体等工作，未拉开相关动力电源，在带电设备周围使用钢卷尺、皮卷尺和线尺（夹有金属丝者）进行测量工作，在带电设备附近使用金属梯子进行作业；在户外变电站和高压室内不按规定使用和搬运梯子、管子等长物，进行高压试验时不装设遮栏或围栏，加压过程不进行监护和呼唱，变更接线或试验结束时未将升压设备的高压部分放电、短路接地。

在电容器上检修时，未将电容器放电并接地或电缆试验结束，未对被试电缆进行充分放电；继电保护进行开关传动试验未通知运行人员、现场检修人员；在继电保护屏上作业时，运行设备与检修设备无明显标志隔开，或在保护盘上或附近进行振动较大的工作时，未采取防掉闸的安全措施；在带电设备附近进行吊装作业，安全距离不够且未采取有效措施；在行人道口或人口密集区从事高处作业，工作地点的下面不设围栏、未设专人看守或其他安全措施，高处作业人员随手上下抛掷器具、材料等。

不具备带电作业资格的人员进行带电作业；登杆前不核对线路名称、杆号、色标，登杆前不检查基础、杆根、爬梯和拉线是否正常，撤杆、撤线或紧线前未按规定采取防倒杆塔措施或采取突然剪断导线、地线、拉线等方法撤杆撤线。

高低压线路对地、对建筑物等安全距离不够，高压配电装置带电部分对地距离不能满足规程规定且未采取措施；电力设备拆除后，仍留有带电部分未处理；变电站无安防措施；电气设备无安全警示标志或未根据有关规程设置固定遮（围）栏。

未按要求进行现场勘察或勘察不认真、无勘察记录；不落实电网运行方式安排和调度计划；违章指挥或干预值班调度、运行人员操作，安排或默许无票作业、无票操作等。

四、习惯性违章事故案例

1. 案例一：安全操作意识淡薄，导致人身伤害事故发生

（1）事故经过。2002 年 3 月 11 日，某供电公司项目部进行了电站 1B 主变压器的检修，1B 主变压器差动保护动作，主变压器高压侧断路器跳闸，电站现场运行负责人林某某当即召集人员进行检查，并要求项目部人员协助查找原因。在检查 1 号机 10kV 开关室内时，林某某要求项目部人员检查 1 号机出口断路器的主变压器差动电流互感器的二次侧端子（在发电机出口开关柜内的电流互感器上）。经双方口头核实安全措施以后，邓某便进去检查，邓某钻进去检查电流互感器接线端子是否松动，随即柜内出现强烈的电弧光，邓某触电，被击伤太阳穴、手掌等部位，因伤势过重抢救无效而死亡。

（2）事故分析。人员进入开关柜检查前，没有事先合上开关柜内的接地刀闸。项目部参加检查人员安全操作意识淡薄，在进入高压设备前，未对设备接地状态做最基本的检查，未能对其所说的机组停机、设备无电状态进行确认。检修工作没有办理工作票、操作票，没有按程序做好安全措施，没有进行"停电—验电—装设接地线等"工作，也没执行作业监护制度，严重违章，项目部对职工的安全教育不够，检查监督不力。

2. 案例二：高处坠落人身死亡事故

（1）事故经过。2009 年 5 月 12 日，某送电工区第三作业组负责人周某，带领作业人员乌某（死者）等 8 人，进行 103 号塔瓷质绝缘子更换为合成绝缘子工作。塔上作业人员乌某、邢某在更换完成 B 相合成绝缘子后，准备安装重锤片。邢某首先沿软梯下到导线端，14 时 16 分，乌某随后在沿软梯下降过程中，不慎从距地面 33m 处坠落至地面，送医院抢救无效死亡。

（2）事故分析。

1）习惯性违章行为是造成此次事故的直接原因。乌某在沿软梯下降前，已经系了安全带保护绳，但扣环没有扣好、没有检查。在沿软梯下降过程中，没有采用"沿软梯下线时，应在软梯的侧面上下，应抓稳踩牢，稳步上下"的规定操作方法，而是手扶合成绝缘子脚踩软梯下降，不慎坠落。

2）工作负责人没有实施有效监护，默认乌某使用软梯的违规操作方式是造成此次事故的间接原因。

3）安全意识和风险意识不强。对沿软梯上下的风险估计不足，在作业指导书和技术交底过程中，都没有强调软梯的使用。

第三节　电力生产事故案例

一、案例一

1. 事故经过

2009 年 5 月 15 日，某电厂按计划对 110kV 桃源变电站进行 10kV Ⅱ段部分设备年检。主要工作任务为：10kV 314、312、308、306、302 开关柜小修、例行试验和保护全检等工作，3×24TV（电压互感器）本体小修和例行试验等工作。8 时 40 分左右，工作负责人向现场工作人员进行工作交底，随后开始 10kV Ⅱ段母线设备年检作业。按照作业指导书分工，开关班 4 人进行开关检修工作，其余人员进行高压试验和保护检验工作。工作开始后，工作负责人安排开关班成员刚某（死者）进行 314 小车清扫，其余 1 人进行 312 间隔检修，1 人到屏后用开关柜专用内六角扳手打开 302、306、308、312、314 等 5 个间隔的后下柜门，1 人在屏后进行柜内清扫。随后工作负责人回到屏前向高压试验人员交代相关工作。负责打开后柜门的人员将下柜门打开后，把专用扳手随手放在 312 间隔的后柜门边的地上，到屏前协助检修 312 间隔。刚某清扫完 314 小车后，自行走到屏后，移开拦住 3×24TV 后柜门的安全遮栏，用放在地上的专用扳手卸下 3×24TV 后柜门 2 颗螺丝，打开后柜门准备进行清扫，9 时 06 分，开关柜内带电母排 B 相对其放电，9 时 38 分，经抢救无效死亡。

2. 原因分析

（1）刚某在未经工作负责人安排或许可的情况下，自行走到屏后，擅自移开 3×24TV 开关屏后所设安全遮栏，无视 3×24TV 屏后门上悬挂的"止步！高压危险！"警示，打开 3×24TV 后柜门，造成触电。

（2）工作负责人班前交底有遗漏，对工作票上的"3×24TV 后门内设备带 10kV 电压"漏交代；并对现场工作人员监护不到位。

（3）工作票签发人没有针对屏前和屏后均有工作的情况，增设相应的监护人。

（4）3×24TV 开关柜"五防"闭锁功能不完善，没有采取相应的控制措施，不能起到防止误入带电间隔的作用。

3. 暴露问题

（1）现场作业组织混乱。对于多小组、多地点的作业，没有明确小组负责人的安全职责或根据现场实际增设监护人，作业过程中工作人员失去监护。工作开工前交底走过场、形式化，对作业风险、危险部位、人员分工等交代不仔细，不明确。专用操作工具使用管理制度不完善，检修人员可以随时取用专用扳手，随意打开后柜门。

（2）标准化作业流于形式，作业指导书针对性不强，风险辨识照抄范本，对带电部位和"五防"功能不全等风险缺少相应的辨识和控制措施。安全教育培训不到位，员工安全意识淡薄。反违章活动和隐患排查治理组织落实不力，现场存在严重违章行为，存在装置隐患和管理隐患。

二、案例二

1. 事故经过

2009 年 4 月 20 日，220kV 上华变电站因检修人员误登带电设备触电造成 1 人重伤、4 个 110kV 变电站全停事故。

检修部变电检修班长李某（伤者）带领班组成员执行接地开关触头缺陷问题，在没有办理工作票结束、没有经过许可的情况下，擅自带领本工作班人员转移到同间隔的 1032 刀闸支架处，扩大工作范围，亲自用竹梯登上 2.5m 高的 1032 刀闸支架处理 103B0接地开关缺陷。李某因与带电的 1032 刀闸相安全距离不足造成刀闸触头对人体抢弧放电，受弧光烧伤从刀闸支架上跌落地面，同时造成 110kV 母差保护动作，110kV Ⅱ 段母线失压，4 个 110kV变电站全站失压，损失负荷 102MW，损失电量约 5 万 kWh。

2. 原因分析

（1）擅自扩大工作范围，工作负责人带领班组人员在工作地点的围栏内完成缺陷处理后，擅自进入非工作地点检查处理缺陷，是事故的直接原因。

（2）工作负责人违反规程，本应履行监护职能却没有履行，明知故犯直接参与作业，使整个工作失去安全监护。

（3）工作班成员没有履行安全职责，对擅自扩大工作范围的行为没有拒绝、反对，对误登带电设备的行为没有制止和纠正。

3. 暴露问题

（1）事故单位安全管理基础不牢，安全生产责任制落实不到位。

（2）各级管理者未能真正承担起安全责任，现场规章制度的执行刚性不够。

（3）安全教育培训缺乏针对性和有效性，部分员工安全意识淡薄，未能真正承担起自身的安全责任，缺乏自我保护意识和相互保护意识。

4. 防止措施

（1）认真吸取事故教训，深刻认识"违章就是事故之源"。

（2）严肃查处各类违章，深层次分析违章发生的原因，寻找违章发生的规律，坚决杜绝管理性违章，消灭行为性违章，消除装置性违章。

（3）加强现场安全监督管理，严格执行"两票三制"，加强安全教育培训，提高员工安全意识和技能，切实防止同类事故的再次发生。

三、案例三

1. 事故经过

某送电工区线路二班根据工区安排，对 220kV 线路进行检修工作，其中 33 号铁塔更换绝缘子的工作由梅某担任组长，塔上工作人员由 3 人担任，地勤人员有任某、熊某等 5 人。上午 9 时开始工作，10 时 30 分左右，塔上工作人员用常规方法将 15mm 的白棕绳两端打好结头形成循环，由杆上和杆下分别将新、旧绝缘子串绑扎好后，采用循环吊方式将旧绝缘子放下，新绝缘子吊上。当新绝缘子串上升到接近铁塔下横担（离地面约 18m）时，熊某从重物（新绝缘子串）下通过，正遇上白棕绳结头滑脱，新绝缘子串从高处坠落，击中熊某头部，送医院途中死亡。

2. 原因分析

（1）部分职工群体安全意识淡漠，习惯性违章严重，组织纪律性不强，自我防护意识差。

（2）工程承包方在施工中未提前在施工工地设置安全通道，施工人员拆除脚手架管件随意搁置，未采取可靠的防滑落措施。

3. 防范措施

（1）认真贯彻"安全第一、预防为主"的方针，制订切实有效的防范措施，限期整改，遏制事故苗头，杜绝类似事故再次发生。

（2）加强安全教育，提高职工相互间安全意识和自我保护意识，认真落实各级安全生产责任制，对司空见惯的违章行为要坚决严厉查处，使职工养成"遵章守纪，有章必循"的良好工作习惯。

（3）坚持行之有效的安全生产制度，严格贯彻施工安全设施标准化作业来施工，发现隐患和问题后及时下达整改通知书并验收。

（4）完善施工现场防护设施和安全警示标志，抓好安全预防措施的落实，规范现场物品摆放，对防高空落物措施进行完善。

四、案例四

1. 事故经过

2014 年 7 月 20 日 8 时 30 分左右，某工厂汽机分公司水泵班因吊装 4 号机组 A 凝结水泵机械密封，将汽轮机运转平台北侧吊装口（位于汽轮机厂房三层，标高 13m）打开后，将围栏重新进行封闭（此围栏为 7 月 19 日下午检修时安装，并悬挂了"禁止进入"安全标示牌）。8 时 45 分左右，电气分公司电机班班长董某到达班组。9 时 10 分左右，董某去检查 2 号机组灰库搅拌器电机途中，遇到汽机分公司水泵班班长郑某，得知汽轮机水泵班正在进行 4 号机组 A 凝结水泵检修工作。9 时 34 分，董某对 2 号机组循环水泵轴承进行检查后离开。9 时 52 分左右，董某到达 4 号机组汽轮机厂房四层（标高 28m）处。9 时 55 分，董某擅自进入 4 号机组汽轮机运转平台北侧有明显警告标识的安全硬隔离区域内，不慎从吊装口坠落至 4 号机组−4m 凝结水泵泵坑，后抢救无效死亡。

2. 原因分析

（1）事故直接原因：当事人电气分公司电机班董某作为班

长，个人风险意识不强，安全防护意识薄弱，对生产现场危险因素认识不够，无视安全硬隔离围栏和警告标识，擅自进入 4 号机组汽轮机运转平台北侧有明显警告标识的安全硬隔离区域内，在吊装口处发生高处坠落。

（2）事故间接原因：安全教育培训不到位，部分员工风险意识薄弱，存在侥幸心理，工作随意性较大。反违章工作开展得不扎实，安全基础不牢固，习惯性违章时有发生，部分员工"自保、互保"意识不强。工作标准不高，执行力不强。

3. 暴露问题

（1）安全生产教育不力，部分员工安全生产意识薄弱，员工安全生产素质亟待提高。实际工作中对员工安全意识的教育培训和强化做得不够。

（2）部分员工安全风险辨识能力较差，自我防护意识不强，部分人员存在图省事、怕麻烦的懒惰心理，随意性较大。

（3）劳动安全互保活动开展的不扎实，部分员工"自保、互保"意识不强。

（4）安全生产管理不到位。安全生产保证体系未能充分发挥"管生产必须管安全"的作用，安全监督管理体系工作开展不力。安全管理存在标准不高，要求不严，落实不到位的情况。

五、案例五

1. 事故经过

2005 年 12 月 8 日上午，某电厂燃料部检修班安排王某等 3 人更换厂铁路卸煤机变速箱齿轮机油。由于天气寒冷，变速箱油凝固，工作人员准备将变速箱吊到地面上放油。在将变速箱地脚螺栓、变速箱电磁抱闸拆除后，由于起吊不便，决定在上面处理，即对变速箱用蒸汽加热放油。11 时 20 分，加热过程中由于油熔化，螺旋体机构下降，带动变速箱转动，因为地脚螺栓及电磁抱闸未恢复，变速箱位移从 9.45m 高的底座落下，将旁边的燃料部检修班职工王某刮下，因其未扎安全带，在坠落过程中安全帽脱落，身体落入下部火车箱内，经抢救无效死亡。

2. 原因分析

直接原因：在卸煤机变速箱拆卸过程中，未采取必要的安全防护措施，未采取卸煤机螺旋体由于自重引起变速箱转动的防护措施，并拆除了地脚螺栓和电磁抱闸，变速箱转动移位，将在变速箱主体支架上工作未扎安全带的工作负责人王某刮落。

间接原因：①在对卸煤机变速箱拆卸前，未制订具体的检修方案，未办理工作票，对拆卸过程可能出现的不安全因素未进行危险辨识和采取可靠的安全措施，技术交底和安全措施交底不到位。②厂对职工的安全教育培训不到位，职工的安全防范意识不强，对安装使用的新设备进行安全教育和培训不够，从业人员对新设备的安全技术特性和安全防护措施了解掌握不够。

六、案例六

1. 事故经过

2007 年 1 月 24～27 日，衡阳电业局高压检修管理所对 110kV 酃牵Ⅰ线全线停电，进行杆塔搬迁更换工作，同时对杆进行登检及绝缘子清扫工作。经分工，带电班工作组负责衡北支线 1～44 号杆停电登杆检查工作。1 月 24 日各工作班在挂好接地线，做好有关安全措施后开始工作。1 月 26 日带电班的工作，又分成 4 个工作小组，其中工作负责人莫某和作业班成员王某一组负责酃牵Ⅰ线衡北支线 31～33 号杆登检及绝缘子清扫工作，11 时 30 分左右，莫某和王某误走到平行的带电 110kV 三酃线 35 号杆下（原杆号为：酃牵Ⅱ衡北支线 32 号杆），在都未认真核对线路名称、杆牌的情况下，王某误登该带电的线路杆塔，造成触电，并起弧着火，安全带烧断从 23m 高处坠落地面，当即死亡。

2. 原因分析

（1）直接原因。

1）工作监护人严重失职。莫某是该小组的工作负责人（工作监护人），上杆前没有向王某交代安全事项，没有和王共同核对线路杆号名称，完全没有履行监护人的职责，严重违反了《国家电网公司电力安全工作规程》。

2）王某安全意识淡薄，自我防护意识差，上杆前未认真核对杆号与线路名称，盲目上杆工作，严重违反了《国家电网公司电力安全工作规程》。

3）运行杆号标识混乱，且杆根附近生长较多低矮灌木杂草，影响杆号辨识。

（2）间接原因。

1）检修人员不熟悉检修现场。工作人员不熟悉检修线路杆塔具体位置和进场路径，且工作前未进行现场勘察，工区也未安排运行人员带路，是导致工作人员走错杆位的间接原因。

2）现场安全管理措施的有效性和针对性不强。班组每日复工前安全交底不认真。班组作业指导书针对性不强，危险点分析过于笼统，缺少危险点特别是近距离平行带电线路的具体预防控制措施。

3）线路巡线小道及通道维护不到位，导致小道为杂草灌木掩盖，难以找到，且通行困难，给线路巡视及检修人员到达杆位带来很大不便。

3. 暴露问题

（1）生产管理存在明显漏洞。线路杆号标识混乱，线路巡视通道和线路走廊清障不及时、不彻底，存在明显的管理违章和装置性违章。

（2）现场标准化作业管理不认真。作业指导书实用性、可操作性不强，危险点分析和预防措施不足，不能有效控制多工作组作业时人员的工作行为；作业指导书培训不够，班组人员不能全面掌握作业程序和要求；作业指导书现场应用存在表面化、形式化现象，未能有效发挥保证作业安全、控制作业质量的作用。

（3）班组基础管理薄弱。班组规章制度未能进行及时有效的梳理，班组安全活动流于形式；公司领导和工区领导不能经常参加基层班组安全活动，不了解班组和现场安全生产状况。

（4）反违章工作未能有效落实。安全教育培训力度不够，效果不明显，一些员工安全意识仍然十分淡薄。

（5）现场勘察制度执行存在薄弱环节。本次工作现场较为复杂，有 3 条平行的 110kV 线路，且距离都不远，容易发生误登杆塔，但开工前工作负责人和工作票签发人并未对现场进行认真勘察，以致没有提出针对性很强的防止误登杆塔的措施。

（6）对《国家电网公司电力安全工作规程》等工作票制度理解有偏差。本次作业中多个班组共用一张工作票，而每个班组又再细分多个工作小组，导致部分工作小组实际处于无分工作任务单工作状态。

七、案例七

1. 事故经过

2007 年 2 月 7 日，某送电工区安排带电班带电处理 330kV 凉金二回线路 180 号塔中相小号侧导线防震锤掉落缺陷。16 时 10 分左右，工作人员乘车到达作业现场，工作负责人李某现场宣读工作票及危险点预控分析，并进行了现场分工，工作负责人李某攀登软梯作业，王某登塔悬挂绝缘绳和绝缘软梯，刘某为专责监护人，地面帮扶软梯人员为王某、刘某等 3 人。绝缘绳及软梯挂好，检查牢固可靠后，工作负责人李某开始攀登软梯，16 时 40 分左右，李某登到与梯头（铝合金）0.5m 左右时，导线上悬挂梯头通过人体所穿屏蔽服对塔身放电，导致其从距地面 26m 左右跌落到地面（此时工作人员还未系安全带），后抢救无效死亡。

2. 原因分析

此次作业忽视改进塔型的尺寸变化，事前未按规定进行组合间隙验算。作业人员沿绝缘软梯进入强电场作业，绝缘软梯挂点选择不当，造成安全距离不能满足《国家电网公司电力安全工作规程》规定的等电位作业最小组合间隙，是导致事故发生的主要原因。

3. 暴露问题

（1）工作审批把关不严。未针对塔型尺寸的变化，拟定相应的带电作业工作方案；带电作业属高危险工作，在思想上未引起高度重视，仅当成一般的检修工作进行安排，有关管理人员及技术人员均未到现场监督指导。

（2）工作票执行不严肃。一是工作票所列工作条件未涉及"等电位作业的组合间隙"以及"工作人员与接地体的距离"，重点安全措施漏项；二是工作条件中所列的安全距离均未按海拔进行校正；三是列入工作票的安全措施在工作现场未严格执行；四是工作票的办理、职责履行均不严肃和认真。

（3）工作组织不严谨。一是未进行现场勘察，没有对现场结线方式、设备特性、工作环境、间隙距离等情况进行分析；二是未确定作业方案和方法及制定必要的安全技术措施；三是工作负责人违反《国家电网公司电力安全工作规程》规定，直接参与工作，工作专责监护人未尽到监护职责。

（4）安全预控措施流于形式。一是本次作业未制订作业指导书；二是虽然进行了危险点分析，使用了危险点分析卡，但控制措施中仍未涉及"等电位作业的组合间隙"以及"工作人员与接地体的距离"，防止高空坠落的控制措施并未执行，危险点分析预控流于形式。

（5）职工安全生产培训不到位。安全意识培训不到位，所有工作人员在对塔型基本参数不了解，工作票中四种人（工作票签发人、工作负责人、工作许可人、专职监护人）都未尽到安全职责，不具备担当本岗位工作的基本技能，暴露出重点人员的培训流于形式，考试把关不严。

（6）安全管理的执行力欠缺，对现场和班组管理流于形式、疏于管理；执行层对最基本的"两票三制"、危险点分析等措施不落实不执行，习惯性违章屡禁不止。

第四章

电气安全工器具的使用与管理

电气安全工器具是指在操作、维护、检修、试验、施工等现场作业中，防止人身伤亡事故或职业健康危害，保障作业人员安全的各种专用工器具，是保证工作安全不可或缺的工用具，包括绝缘安全工器具、登高安全工器具、个人安全防护用具等。正确使用安全工器具可防止触电、灼伤、机械伤害和高空摔跌等事故。正确使用合格的电气安全工器具是保证人身不受伤害的基本条件之一。

一、电气安全工器具的分类

电气安全工器具一般分为一般防护安全用具和绝缘安全用具两大类。一般防护安全用具有安全带、安全帽、护目镜、标示牌和临时遮栏等；绝缘安全用具的有绝缘棒、绝缘手套、绝缘靴、验电器、携带型接地线、绝缘垫、绝缘挡板等。绝缘安全用具又可以分为以下两类：

（1）基本安全用具，其绝缘强度大，能长时间承受电气设备的工作电压，能直接用来操作带电设备，如绝缘杆、绝缘夹钳、绝缘棒、验电器等。

（2）辅助安全用具，其绝缘强度小，不足以承受电气设备的工作电压，只是用来加强基本安全用具的保安作用，如绝缘台、绝缘垫、绝缘手套、绝缘靴（鞋）等。其绝缘强度足以承受电气设备的运行电压并能在该电压等级产生内部过电压时保证人身安全，如绝缘手套、绝缘靴等。

以上分类不仅取决于其绝缘性能，还取决于使用的场合。如果 10kV 绝缘棒用于 110kV 的电气设备就不能承受电气设备的运行电压，只能作辅助安全用具；而作为辅助安全用具的耐压 8kV 的绝缘手套，当使用于 220V 的低压场合时，就足以承受电气设备的运行电压。因此，使用基本安全用具必须注意两点：一是本身必须具有合格的绝缘性能和机械强度；二是只能在和其绝缘性能相适应的电气设备上使用。辅助安全用具主要用于对泄漏电流、接触电压、跨步电压触电等加强防护，一般不能直接和电气设备接触。

二、电气安全工器具的使用及注意事项

（一）一般防护安全用具

1. 安全帽（见图 4-1）

（1）作用：防止物体打击伤害，防止高处坠落伤害头部，防止机械性损伤，防止污染毛发伤害。

（2）使用注意事项：

1）选用与自己头形合适的安全帽，帽衬顶端与帽壳内顶必须保持 20～50mm 的空间，以形成一个能量吸收系统，使冲击力分布在头盖骨的整个面积上，减轻对头部的伤害。

2）佩戴安全帽前，应检查各配件有无

图 4-1 安全帽

损坏，装配是否牢固，帽衬调节部分是否卡紧，绳带是否系紧等，确信各部件完好后方可使用。

3）必须戴正安全帽，如果戴歪了，一旦头部受到物体打击，就不能减轻对头部的伤害。下颏带和后帽箍必须拴系牢固，以防帽子滑落与碰掉。

4）热塑性安全帽可用清水冲洗，不得用热水浸泡，不能放在暖气片上、火炉上烘烤，以防帽体变形。

5）安全帽使用超过规定限值，或者受过较严重的冲击后，虽然肉眼看不到裂纹，也应予以更换。一般塑料安全帽使用期限

为 3 年。

6）安全帽如果较长时间不用，则需存放在干燥通风的地方，远离热源，不受日光的直射。

2. 防护眼镜和面罩

（1）作用：防止异物进入眼睛，防止化学性物品的伤害，防止强光、紫外线和红外线的伤害，防止微波、激光和电离辐射的伤害。

（2）使用注意事项。选用经产品检验机构检验合格的产品；护目镜的宽窄和大小要适合使用者的脸形；镜片磨损粗糙、镜架损坏，会影响操作人员的视力，应及时调换；护目镜要专人使用，防止传染眼病；焊接护目镜的滤光片和保护片要按规定作业需要选用和更换；防止重摔重压，防止坚硬的物体摩擦镜片和面罩。

图 4-2　安全带

3. 安全带

（1）作用：安全带（见图 4-2）能有效预防作业人员从高处坠落，保护人身安全。

（2）使用注意事项。安全带的使用期一般为 3～5 年，发现异常应提前报废。使用中的安全带，必须完整（带、扣、环、绳）、无破损，扣环牢固可靠，每半年进行一次拉力预防性试验，有检验试验合格证方可使用。安全带使用 2 年后，按批量购入情况，每半年抽检一次。围杆带要做净负荷试验，在 2250N 拉力下拉 1min，无破断可继续使用。悬挂安全带冲击试验按 5%抽检，80kg 做自由落体试验，若不破断，该批安全带可继续使用。安全带在使用前应进行外观检查合格，使用时安全带应高挂低用，必须挂在结实牢固的构件上，或专用的钢丝绳上；禁止挂在移动或不牢固的物件上。安全带等应储藏在干燥、通风的仓库内，不准接触高温、明火、强酸和尖锐的物件，不准暴晒。试验过的安全带不准使用。

4. 标示牌

标示牌用于警告工作人员不得接近设备的带电部分，提醒工作人员在工作地点采用安全措施以及表明禁止向某设备合闸送电等。根据用途可分为警告类、允许类、禁止类等。标示牌的悬挂和拆除必须按照《国家电网公司电力安全工作规程》的规定进行。

5. 安全绳

（1）作用。安全绳是高空作业时必须具备的人身安全保护用品，通常与护腰式安全带配合使用。安全绳是用锦纶丝捻制而成的，具有质量轻、柔性好、强度高等优点。

（2）使用注意事项。安全绳每次使用前必须进行外观检查。凡连接铁件有裂纹或变形，锁扣失灵，锦纶绳断股者，都不得使用。使用的安全绳必须按规程进行定期静荷重试验，并做好合格标志。安全绳应高挂低用，不得低挂高用。安全绳用完应放置好，切忌接触高温、明火和酸类物质，以及有锐角的坚硬物等。

6. 安全网

（1）作用。安全网是为防止高处作业人员坠落和高处落物伤人而设置的保护用具，如送电线路施工中分解组塔时必须使用安全网。安全网用直径 3mm 的锦纶绳编制而成，形状如同渔网，其规格有 4m×2m、6m×3m、8m×4m 三种，中间有网杠绳，当人员坠入网内时能被兜住。

（2）使用注意事项。安全网每次使用前应检查网绳是否完整无损。受力网绳是直径为 8mm 的锦纶绳，不得用其他绳索代替。分解立塔时，若塔身下段已组好，即可将安全网设置在塔身内部有水平铁的位置上，距地面或塔身内断面铁的距离不小于 3m，四角用直径 10mm 的锦纶绳牢固地绑扎在主铁和水平铁上，并拉紧，一般应按塔身断面大小设置。如果安全网不够大，也可接起来使用。

7. 安全围栏

（1）作用。安全围栏主要用于发电厂，变电站的电气设备检修、电气实验、配电检修等。常用的有不锈钢带式（锦纶），玻璃钢片式、管式的和锦纶围网等，用于保障施工人员及行人的安全。

（2）使用注意事项。遮栏绳、网应保持完整、清洁、无污垢，成捆整齐存放在安全工具柜内，不得严重磨损、断裂、霉变、连接部位松脱等；遮栏杆外观醒目，无弯曲、无锈蚀，排放整齐。

（二）绝缘类安全用具

1. 绝缘手套

（1）作用。绝缘手套（见图 4-3）是在电气设备上进行实际操作时的辅助安全用具。

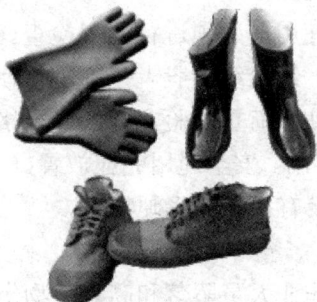

（2）使用注意事项。检查绝缘手套试验标签是否在有效期内，检查外观是否损坏。使用前还应对绝缘手套进行气密性检查，具体方法：将手套从口部向上卷，稍用力将空气压至手掌及指头部分检查上述部位有无漏气，如有则不能使用。戴绝缘手套时应将外衣袖口放入手套的伸长部分；使用时注意防止尖锐物体刺破手套；手套使用后必须擦干净，注意存放在干燥处，并不得接触油类及腐蚀性药品等。

图 4-3　绝缘鞋（靴）和绝缘手套

2. 绝缘鞋（靴）

（1）作用。绝缘鞋（靴）（见图 4-3）是在任何电压等级的电气设备工作时，用来与地面保持绝缘的辅助安全用具，也是防止跨步电压的基本安全用具。

（2）使用注意事项：使用前应进行外观检查，并检查试验标签是否在有效期内。应根据作业场所电压高低正确选用绝缘鞋（靴），低压绝缘鞋（靴）禁止在高压电气设备上作为安全辅助用具使用,高压绝缘鞋(靴)可以作为高压和低压电气设备上辅助安全用具使用。不论是穿低压或高压绝缘鞋(靴),均不得直接用手接触电气设备。穿用绝缘鞋(靴)时,应将裤管套入靴筒内;穿用绝缘鞋时,裤管不宜长及鞋底外沿条高度,更不能长及地面,保持布帮干燥。非耐酸碱油的橡胶底,不可与酸碱油类物物质接触,并应防止尖锐物刺伤。低压绝缘鞋(靴)若底花纹磨光,露出内部颜色时则不能使用。在购买绝缘鞋(靴)时,应查验鞋上是否有绝缘永久标记,鞋内有否合格证等。

3. 绝缘棒

(1)作用。绝缘棒(见图 4-4)包含绝缘操作杆、接地线的绝缘杆、验电器的绝缘杆,通常由工作部分、绝缘部分、握手部分三部分组成。工作部分起到完成特定操作功能的作用,并安装在绝缘部分的上端,工作时应视为带电部位,不得同时触及或接近相邻相或接地部分。绝缘部分和握手部分均由相同绝缘材料制成,绝缘部分起绝缘隔离作用,绝缘部分和握手部分之间用护罩环或划红线明显分开。

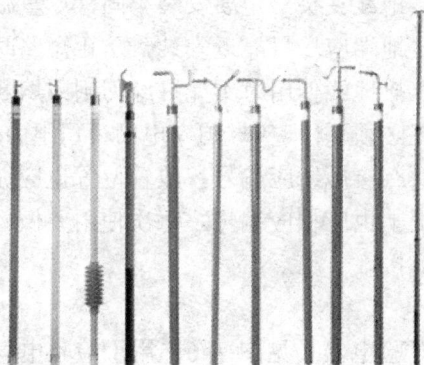

图 4-4　绝缘棒

(2)使用注意事项。绝缘棒的试验应每年进行一次(验电笔为每半年一次),因试验条件限制,需采用分段试验,其试验电压应按规定值大 20% 分配，且 110/220kV 分段不得超过 4 段，500kV 分段不得超过 6 段。绝缘棒必须放在干燥通风处，并宜悬挂或垂直插放在特制的木架上。

4. 携带型短路接地线

（1）作用。携带型短路接地线（见图 4-5）用来防止设备因突然来电（如误合刀闸、开关送电）而带电，消除邻近感应电压或放尽已断开电源的电气设备上剩余电荷。

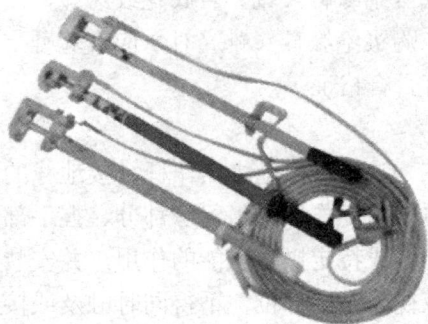

图 4-5　携带型短路接地线

（2）使用注意事项。携带型短路接地线的软铜线标称截面应考虑其热稳定性能，有足够的机械强度，在短路的短暂时间内（从短路故障开始到开关跳闸为止）不会烧断。另外，接地线夹头、螺栓及地网引线也应与软铜线的要求相匹配。接地线夹头一定要安装牢固，尽量减少接触电阻；分相接地线的接地端应尽量靠近安装，防止短路时工作地点出现跨步电压伤人；接地线使用时不允许经刀闸或熔断器接地。接地线的使用和管理必须严格遵守《国家电网公司电力安全工作规程》及有关规定。所有接地线应编号，放置位置也应编号，以便对号存放；模拟图板上也应相应编号。每次使用要做好相关记录，交接班必须详细交接。

5. 验电器

（1）作用。验电器（见图 4-6）用于检验电气设备是否确无电压。

（2）使用注意事项。必须使用额定电压和被验设备电压等级一致的合格验电器；验电前必须先将验电器在带电的设备上验电，证实验电器良好后，再在工作设备进出线两侧逐相进行验电，验明无电压后应立即进行接地（需接地时）；使用验电器时，验电器上部带金属部分（即工作部分）应视为带电部分，不得同时触及和接近相邻相或接地部分；在高压设备上验电一定要戴绝缘手套；验电器每半年要进行定期试验一次。

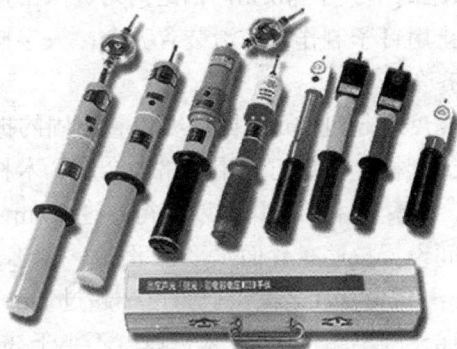

图 4-6　验电器

6. 绝缘挡板

绝缘挡板（见图 4-7）用于隔离带电设备、高压击穿等，现广泛用于高压隔离作业。绝缘挡板的化学成分一般为环氧树脂玻璃钢，具有良好的机械性能、防腐性及较高的耐热性和绝缘性等。

图 4-7　绝缘挡板

（三）登高安全工器具的使用

1. 移动梯子、移动平台、高凳、木梯等

制作移动梯子、移动平台、高凳、木梯，必须选择合格的金属、木材、竹子。移动梯子不允许用毛竹捆绑制作，荷载不得小于90kg，阶梯距离不大于40cm，档距均匀、水平，横木必须嵌在支柱上，禁止用钉子制作，防滑装置齐全；人字梯铰链牢固，限制开度拉链齐全。

移动平台高度不超过3m，四周要设置牢固的护栏和防滑装置。上下楼梯或爬梯，材质可选用合格的金属、木材、竹子，禁止用钉子制作。高凳、木梯制作高度不得超过1.5m，支柱不少于4只，支柱之间设置拉筋。凳面水平、平整、稳定，顶部平面宽度不小于25cm；高凳支柱之间每一跨度不超过2m，木板厚度不小于5cm；木梯长度不超过1m（木板厚度不小于3cm），防滑装置齐全，上下台阶至少为2级，选用合格的木材打眼制作，禁止用钉子制作。长期使用的高凳、木梯，制作完成后必须进行油漆（主题为深红色，台阶边为黄色），并统一编号，定期检查。长期使用的木梯等必须定时进行油漆，执行验收签字制度。使用部门领到移动梯子、移动平台、木梯后，必须按规定进行荷载承重试验，做好编号、贴上试验标签、登记入册。

2. 升降板

升降板又称登高板、踩板等，是一种常用的攀登电杆的用具。

升降板由踏脚板和吊绳组成，踏脚板采用质地坚韧的木板制成，上面刻有防滑纹路。吊绳采用白棕绳或锦纶绳，呈三角形状，底端两头固定在踏脚板上，顶端固定有金属挂钩，绳长应适应使用者的身材。

使用升降板登高作业时较灵活又舒适，但必须熟练掌握操作技术，尤其对新工人。在使用升降板时应注意以下几点：①在登杆使用前也应做外观检查，看各部分是否确裂纹、腐蚀、断裂现象，若有，应禁止使用。②登杆前亦应对升降板进行人体冲击试登，以检验其强度，检验方法是，将升降板系于钢筋混凝土杆上离地 0.5m 左右处，人站在踏脚板上，双手抱杆，双脚腾空猛力向下蹬踩冲击，绳索应不发生断股，踏脚板不应折裂，方可使用。③使用升降板时，要保持人体平稳不摇晃。④升降板使用后不能随意从杆上往下摔扔，用后应妥善保管，存放在工具柜里，并放置整齐。

3. 升降机

升降机（见图 4-8）分为移动式、固定式、伸缩式等几类。升降机在使用中，必须放置在坚实平整的地面上，以防工作时倾翻。按下"上升"或"下降"按钮，使工作台升降。如果工作台不动，应立即停机进行检查。发现电动升降机工作压力过高或声音异常时，应立即关机检查，以免机械遭受严重破坏；每月定期检查轴销工作状态，如发现轴销、螺栓松脱，一定要锁紧，以防轴销脱落造成事故。液压油应保

图 4-8　升降机

持清洁，每 6 个月更换一次；维修保养和清扫升降机时，务必要撑起安全撑杆。

4. 脚扣

脚扣（见图 4-9）是攀登电杆的主要工具。

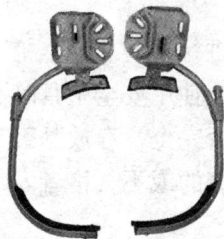

图 4-9　脚扣

脚扣是用钢或合金铝材料制作的近似半圆形、带皮带扣环和脚登板的轻便登杆用具，有木杆和水泥杆用的两种形式。木杆用脚扣的半圆环和根部均有突起的小齿，以便登杆时刺入杆中起防滑作用；水泥杆用脚扣的半圆环和根部装有橡胶套或橡胶垫来防滑。脚扣有大小号之分，以适应电杆粗细不同之需

要。使用脚扣较方便，攀登速度快，适于短时间作业。脚扣在使用前应做外观检查，看各部分是否有裂纹、腐蚀、断裂现象，若有，应禁止使用。登杆前，应对脚扣做人体冲击试登以检验其强度。应按电杆的规格选择脚扣，并且不得用绳子或电线代替脚扣系脚皮带。脚扣不能随意从杆上往下摔扔，作业前后应轻拿轻放，并妥善保管，存放在工具柜里，放置整齐，不得随地乱放。

三、电气安全工器具的配置及管理

安全工器具室内应保持干燥、清洁、整齐。室内应配置存放安全用具的专用橱柜，各安全用具应按定置管理原则安放。严禁不合格的或超过试验周期的绝缘用具继续使用。各类安全绝缘用具和接地线在每次使用前后均要详细检查，不合格的安全用具坚决不能用，及时淘汰不合格的安全用具。

各类安全工器具要进行编号、登记并建立检查试验台账，安全用具应按规定分类存放在指定位置，在指定位置处应标明安全用具名称、编号，对号入座。每次使用完毕后，应详细检查安全用具室内的安全用具是否物至原处，特别是临时接地线是否到位，如没有到位，应详细了解去向，等弄清楚后，方可恢复设备送电。

所有的安全用具原则上均不得外借，如确需外借时应向站长或现场技术员汇报，经同意后方可外借，并登记借用人、借用日期、归还日期。安全工具应由安全员负责，每月月底对安全工具认真检查一次，并做好记录。

安全工器具要定期试验，每年按规定周期进行试验。安全工具要妥善保管，经常保持干燥清洁，完整无损。使用安全工具时要爱护，要检查，交接班时要检查安全工具是否完全，存放是否整齐。对新增安全器具应做好登记记录。已报废的或不合格者安全器具应立即收回，并上缴做记录。

电气安全工器具的检查记录表格见表4-1～表4-3。

表 4-1 电气安全工器具检查卡

设备名称		编号	序号	巡视标准							
工具柜	绝缘手套		1	有统一规范、清晰的编号，存放保管符合要求							
			2	有完整试验合格标签和试验记录，在试验周期内							
			3	无外伤、裂纹、毛刺、划痕、污渍							
			4	卷曲试验不漏气，无机械损伤							
	绝缘靴		1	有统一、规范、清晰的编号，存放保管符合要求							
			2	无外伤、裂纹、毛刺、划痕							
			3	有完整试验合格标签和试验记录，在试验周期内							
	绝缘棒		1	有统一、规范、清晰的编号，存放保管符合要求							
			2	绝缘部分的表面无裂纹、破损或损伤							
			3	金属端紧固、完整无断裂、无锈蚀							
			4	有完整的试验合格标签和试验记录，未超过有效期使用							
	验电器		1	验电器有统一、规范、清晰的编号，并注明使用电压等级							
			2	绝缘杆完整无划损、裂纹							
			3	验电器声光器按压试验良好，音量足够，备用电池配足							
			4	存放整齐、美观							
			5	有完整的试验合格标签和试验记录，未超过有效期使用							
			6	绝缘夹活动灵活，不会卡滞							
			7	检查滤毒罐有无过期（5年）							
	安全围栏绳		1	无老化、脆裂、霉变断股或扭结							

续表

设备名称	编号	序号	巡视标准				
工具柜	接地线	1	接地线摆放整齐，对号存放				
		2	携带型短路接地线的编号应明显，并注明使用电压等级				
		3	接地线线夹紧固可靠，转动灵活，无锈蚀				
		4	接地线绝缘护套完好，软导线无裸露、无断股				
		5	软裸铜线结构紧密，无断股、磨损；护套无破损、无老化，有规范标示				
		6	接地操作棒各端接头封固、组合连接完好				
		7	接地操作棒部分表面无裂纹、破损或污渍，无受潮等缺陷；握手部分和工作部分有护环或明显标志				

表 4-2   缺 陷 及 异 常 记 录

序号	设备名称	检查时间	缺陷及异常内容	处理情况

表 4-3   检 查 签 名 记 录

检查时间	检查范围	检查人员	备　注

第五章

消防安全

第一节 消防基本知识

一、消防的概念

"消防"即预防和解决（扑灭）火灾的意思，亦指灭火与防火，或防火人员。中国已有两千多年的消防历史，是人类在同火灾作斗争的过程中，逐步形成和发展起来的一项专门工作。

二、消防工作的方针和原则

消防工作贯彻"预防为主、防消结合""以防为主，以消为辅"的方针。消防工作的原则是坚持专门机关与群众相结合，"谁主管，谁负责；谁在岗，谁负责"，并由公安消防部门负责实施监督管理。"预防为主，防消结合"的方针科学地反映了同火灾作斗争的客观规律，准确地表述了防与消的辩证关系。企业必须全面贯彻执行这条方针，摆正"防"与"消"关系，克服"重防轻消"或"重消轻防"的倾向，以取得同火灾作斗争的最佳效应，确保企业长治久安。

三、消防工作的任务

消防工作的任务是预防火灾和减少火灾危害，加强应急救援工作，保护人身、财产安全，维护公共安全。企业员工消防工作的主要任务是：学习相关消防安全法律法规及知识，积极参加消防法规、知识的培训和灭火疏散演练；保护和爱护消防器材、设施，落实好消防安全责任制；经常开展消防安全检查，及时发现并整改火险隐患，落实好自身的防火安全责任制，懂得预防火灾和扑救基本火灾的措施，并掌握火灾自救逃生的基本方法。

四、消防相关知识

（一）燃烧的概念及条件

（1）燃烧的概念。燃烧是指某些可燃物质在较高温度时，与空气中的氧气或氧化剂在一定的温度下进行剧烈的化合，同时产生光和热的一种化学反应。

（2）燃烧具备的三个基本条件：

1）要有可燃物质。包括固体、液体、气体物质，例如木材、纸张、汽油、酒精、柴油、乙炔、液化气以及含炭类物质和有机化合物等。可燃物是物质燃烧的基础，没有可燃物，燃烧就失去了基础。

2）要有助燃物质。如氧（空气）、氧化剂等。助燃物直接参与了燃烧反应，在燃烧的区域内，助燃物的含量越高，燃烧越猛烈。

3）要有着火源。着火源分为直接火源（明火、雷击、变压器等电气设备产生的电火花、静电火花等）和间接火源（高温自然起火以及燃烧物本身自然起火等）。

（3）燃烧必须具备的三个充分条件。

1）一定的可燃物浓度。可燃气体或蒸气只有达到一定浓度，才会发生燃烧。没有达到燃烧所需的浓度，虽有足够的空气和火源接触，也不能发生燃烧。

2）一定的氧气（空气）或氧化剂含量。各种可燃物发生燃烧，均有本身固定的最低氧含量要求。低于这一浓度，虽然燃烧的其他条件全部具备，但燃烧仍然不能发生。

3）一定的点火能量。不管何种形式的引火源，都必须达到一定的强度才能引起燃烧反应。所需引火源的强度，取决于可燃物质的最小点火能量即引燃温度，低于这一能量，燃烧便不会发生。不同可燃物质燃烧所需的引燃温度各不相同。

（4）灭火机理。燃烧不仅需具备必要和充分条件，而且还必须使燃烧条件相互结合、相互作用，燃烧才会发生或持续。否则，燃烧也不能发生。灭火剂的灭火机理就是去掉其中的一个或几个条件，从而使燃烧中断。

（二）火灾的定义

火灾是在时间和空间上失去控制的燃烧所造成的灾害。

（三）火灾的分类及扑救原则

1. 火灾的分类

火灾分为 A、B、C、D、E、F 六类。A 类火灾指固体物质火灾，这种物质往往具有有机物性质，一般在燃烧时能产生灼热的余烬，如木材、棉、毛、麻、纸张火灾等；B 类火灾指液体火灾和可熔化的固体火灾，如汽油、煤油、原油、甲醇、乙醇、沥青、石蜡火灾等；C 类火灾指气体火灾，如煤气、天然气、甲烷、乙烷、丙烷、氢气火灾等；D 类火灾指金属火灾，指钾、钠、镁、钛、锆、锂、铝镁合金火灾等；E 类火灾指带电物体和精密仪器等的火灾；F 类火灾指烹饪器具内的烹饪物（如动植物油脂）火灾等。

2. 扑救原则

扑救 A 类火灾可选择水型灭火器、泡沫灭火器、磷酸铵盐干粉灭火器、卤代烷灭火器。

扑救 B 类火灾可选择泡沫灭火器（化学泡沫灭火器只限于扑灭非极性溶剂）、干粉灭火器、卤代烷灭火器、二氧化碳灭火器。

扑救 C 类火灾可选择干粉灭火器、卤代烷灭火器、二氧化碳灭火器等。

扑救 D 类火灾可选择粉状石墨灭火器、专用干粉灭火器，也可用干砂或铸铁屑末代替。

扑救 E 类带电火灾可选择干粉灭火器、卤代烷灭火器、二氧化碳灭火器等。带电火灾包括家用电器、电子元件、电气设备（计算机、复印机、打印机、传真机、发电机、电动机、变压器等）

以及电线电缆等燃烧时仍带电的火灾。

扑救 F 类火灾可选择干粉灭火器。

（四）火灾的等级标准

所有火灾不论损害大小，都列入火灾统计范围。按照一次火灾事故所造成的人员伤亡、受灾户数和直接财产损失，火灾事故等级划分为特别重大火灾、重大火灾、较大火灾和一般火灾四个等级。

特别重大火灾：指造成 30 人以上死亡，或者 100 人以上重伤，或者 1 亿元以上直接财产损失的火灾。

重大火灾：指造成 10 人以上 30 人以下死亡，或者 50 人以上 100 人以下重伤，或者 5000 万元以上 1 亿元以下直接财产损失的火灾。

较大火灾：指造成 3 人以上 10 人以下死亡，或者 10 人以上 50 人以下重伤，或者 1000 万元以上 5000 万元以下直接财产损失的火灾。

一般火灾：指造成 3 人以下死亡，或者 10 人以下重伤，或者 1000 万元以下直接财产损失的火灾。

（五）火灾报警要点

无论何时何地发生火灾都要立即报警，一方面要向周围人员发出火警信号，另一方面要向"119"消防指挥中心报警。不管火势大小，只要发现起火就应向消防指挥中心报警，即使有能力扑灭火灾，一般也应当报警。报警时要牢记以下七点：

（1）要牢记火警电话"119"，消防队救火不收费。

（2）接通电话后要沉着冷静，向接警中心讲清失火单位的名称、地址、什么东西着火、火势大小、着火的范围。同时还要注意听清对方提出的问题，以便正确回答。

（3）把自己的电话号码和姓名告诉对方，以便联系。

（4）打完电话后，要立即到交叉路口等候消防车的到来，以便引导消防车迅速赶到火灾现场。

（5）迅速组织人员疏通消防车道，清除障碍物，使消防车到火场后能立即进入最佳位置灭火救援。

（6）如果着火地区发生了新的变化，要及时报告消防队，以便他们能及时改变灭火战术，取得最佳效果。

（7）在没有电话或没有消防队的地方，如农村和边远地区，可采用敲锣、吹哨、喊话等方式向四周报警，动员乡邻来灭火。

（六）防火的基本原理、措施和方法

1. 防火的基本原理

引发火灾的三个条件是可燃物、氧化剂和点火能源，它们同时存在，相互作用。如果采取措施，避免或消除上述条件之一，防止燃烧条件的产生，不使燃烧的三个条件相互结合并发生作用，以及采取限制、削弱燃烧条件发展的办法，阻止火势蔓延，就可以防止火灾事故的发生。

2. 防火的基本措施

（1）预防性措施。这是最基本、最重要的措施。可把预防性措施分为两大类：消除导致火灾的物质条件（即点火可燃物与氧化剂的结合），消除导致火灾的能量条件（即点火源）。

（2）限制性措施。一旦发生火灾事故，采取措施限制其蔓延扩大及减少其损失。如消除或控制燃烧的着火源，安装阻火设备，设防火墙，用难燃烧或不燃烧的代替易燃或可燃材料，用防火涂料浸涂可燃材料，密闭有易燃、易爆物质的房间、容器和设备等。

（3）消防措施。配备必要的消防措施，在万一不慎起火时，能及时扑灭。

（4）疏散性措施。预先采取必要的措施，一旦发生较大火灾时，能迅速将人员或重要物资撤到安全区，以减少损失。

3. 防火的基本方法

（1）控制可燃物。控制气态可燃物，利用爆炸浓度极限、比重等特性控制气态可燃物，使其不形成爆炸性混合气体。常见的方法有：驱散可燃气体或蒸气，控制液态可燃物，利用不燃液体稀释可燃性液体，选用燃点较高的可燃材料等。

（2）隔绝助燃物。常见的方法有：用惰性气体保护，隔绝空气储存，隔离储运等。

（3）消除点火源。常见方法有：在有火灾爆炸危险的场所，应有醒目的"禁止烟火"标志，严禁动火吸烟；使用电焊、气焊，喷灯进行安装或维修作业时，应按作业危险等级办理动火审批手续，领取动火证，备好灭火器材、派监火员监护、控制电火源及静电等。

（4）阻止火势蔓延。防止火焰或火星作为火源窜入有燃烧爆炸危险的设备、管道或空间，或者阻止火焰在设备和管道间扩散（扩展），或者把燃烧限制在一定的范围不致向外延烧。

（七）初起火灾的扑救

初起火灾的扑救，通常指的是在发生火灾以后，专职消防队未能到达火场以前，对刚发生的火灾事故所采取的处理措施。火灾初起阶段，燃烧面积小，火势弱，如能采取正确扑救方法，就会在灾难形成之前迅速将火扑灭，能减少火灾损失，杜绝火灾的伤亡。据统计，以往发生的火灾中有70%以上是由在场人员在火灾的初起阶段扑灭的。所以，起火之后的几分钟，是能否将初起火灾扑灭的关键时刻。

1. 初起火灾扑灭的原则

（1）"救人第一"的原则。"救人第一"是指火场上如果有人受到火势威胁，各单位消防人员、保安员及在场群众的首要任务就是把被火围困的人员抢救出来。在灭火力量较强时灭火和救人可以同时进行，人未救出之前，灭火是为了打开救人通道或减少烟火对人员的威胁，为人员脱险创造条件。比如，在起火楼层的上方有人被烟火围困下不来，这时组织力量灭火并打开疏散通道。根据火场情况，有时先救人后灭火，有时为救人先灭火，有时救人与灭火同时进行。

（2）"先控制，后消灭"的原则。"先控制，后消灭"是相对于不可能立即扑灭的火灾而言的。对于能一举扑灭的小火，要抓住战机迅速消灭；当火势较大，灭火力量相对较弱，不能立即扑灭时，要把主要力量用于控制火势发展或防止爆炸、要燃物泄漏等危险情况的发生，防止火势扩大，为消灭火灾创造条件。例如，当一个房间着火时，如不能一举扑灭，则应将房间的门窗关闭，以延缓火势扩大，等待消防队扑救；煤气、天然气管道或液化石油气罐、灶具漏气起火，则应立即关闭阀门或采取堵漏措施，防止火势扩大，或将受到火势威胁的罐搬开以控制火势发展，同时由消火栓出水枪以夹击的方式灭火；对于流淌的可燃液体，可用泥土、黄沙筑堤等方法，阻止其流向易燃、可燃物存放处等。

（3）"先重点，后一般"的原则。"先重点，后一般"是指在扑救初起火灾时，要全面了解并认真分析火场情况，区别重点与一般，对事关全局或生命安全的物资和人员要优先抢救，之后再抢救一般物资。人和物相比保护人是重点；贵重物资和一般物资相比，保护和抢救贵重物资是重点；控制火势蔓延的方向应以控制受火势威胁最大的方向为重点；有爆炸、毒害、倒塌危险的方面与其他方面相比，应以危险的方面为主；火场上的下风方向与上风、侧风方向相比，下风方向是重点；要害部位与其他部位相比，要害部位是火场保护重点；易燃可燃物集中区域与一般固体物资区域相比，前者是保护重点。对于电气线路、电器设备发生火灾，首先应切断电源、然后用干粉灭火剂灭火。只有当确定电路无电时，才可用水扑救。在没有采取断电措施时，千万不能用水、泡沫灭火剂灭火。卧具、沙发等一般可燃物起火，可直接用水或灭火器进行扑救，也可采用湿棉被等覆盖在起火物品上。室内墙上消火栓箱内装有水带卷盘的（或称消防水喉），在使用时应先将其开关打开，将水喉拉至需灭火部位，然后再打开水喷头实施扑救。

（4）"快速准确，协调作战"的原则。"协调作战"是指参加扑救火灾的所有组织，个人之间的相互协作，密切配合行动。火灾初起愈迅速，愈准确靠近火点及早灭火，愈有利于抢在火灾蔓延扩大之前控制火势，消灭火灾。

2. 初起火灾的基本扑救方法

（1）隔离法。拆除与火场相连的可燃、易燃建筑物；或用水流水帘形成防止火势蔓延的隔离带，将燃烧区与未燃烧区分隔开。在确保安全的前提下，将火场内的设备或容器内的可燃、易燃液体、气体排放、泄除、转移至安全地带。

（2）冷却法。使用水枪、灭火器等，将水等灭火剂喷洒到燃烧区，直接作用于燃烧物使之冷却熄灭；将冷却剂喷洒到与燃烧物相邻的其他尚未燃烧的可燃物或建筑物上进行冷却，以阻止火灾的蔓延；用水冷却建筑构件、生产装置或容器，以防止受热变形或爆炸。

（3）窒息法。用湿棉被、湿麻袋、石棉毯等不燃或难燃物质覆盖在燃烧物表面；较密闭的房间发生火灾时，封堵燃烧区的所有门窗、孔洞，阻止空气等助燃物进入，待其氧气消耗尽使自行熄灭。

灭火方法及原理见表5-1。

表5-1 灭火方法及原理

灭火方法	灭火原理	具体施用方法举例
隔离法	使燃烧物和未燃烧物隔离，限定灭火范围	（1）搬迁未燃烧物； （2）拆除毗邻燃烧处的建筑物、设备等； （3）断绝燃烧气体、液体的来源； （4）放空未燃烧的气体； （5）抽走未燃烧的液体或放入事故槽； （6）堵截流散的燃烧液体等
窒息法	稀释燃烧区的氧量，隔绝新鲜空气进入燃烧区	（1）往燃烧物上喷射氮气、二氧化碳气体； （2）往燃烧物上喷洒雾状水、泡沫； （3）用沙土埋燃烧物； （4）用石棉被、湿麻袋捂盖燃烧物； （5）封闭着火的建筑物和设备孔洞

续表

灭火方法	灭火原理	具体施用方法举例
冷却法	降低燃烧物的温度于燃点之下，从而停止燃烧	（1）用水喷洒冷却； （2）用沙土埋燃烧物； （3）往燃烧物上喷泡沫； （4）往燃烧物上喷二氧化碳气体等

（八）建筑物内初起火灾的疏散逃生

初起火灾燃烧面积不大，烟气流动速度缓慢，火焰辐射热量不多，周围物品和建筑结构温度上升不快，在发现初起火能立即报警和灭火的同时，正确组织与引导人员疏散，能切实提高组织疏散逃生能力。

疏散是指火灾发生时，使身处火场内部人员能迅速、安全地离开现场，免受伤害。在人员集中的场所，火灾突然发生，火灾现场被困人员，会惊慌失措，发生拥挤，容易造成人员伤亡。因此，在火灾发生初期，采取有效措施组织疏散被困人员、实行自防自救就成为首要任务。

1. 疏散逃生的原则

（1）制订疏散预案。在人员集中的场所发生火灾，为帮助受火势威胁的人员有秩序地脱离危险区，必须有组织地进行疏散。在平时，有关单位就应和消防主管部门进行研究，拟定抢救疏散计划，提出在火灾情况下稳定群众情绪的措施，对工作人员按不同区域提出任务和要求，规定疏散路线和疏散出口，画出疏散人员示意图并进行演练。一旦发生火灾，应按既定方针和预案组织疏散。人员疏散应设专人组织指挥，分组行动，互相配合。在消防人员未到达现场之前，火场上受火势威胁的人员必须服从着火单位领导和工作人员的组织指挥。

（2）启动预案。人员集中的场所一旦发生火灾，必须按照单位应急预案，有组织地将被困人员及时疏散，通信联络组、灭火行动组、疏散引导组、安全救护组、现场警戒组按照各自职责，

113

互相配合，帮助被困人员有序地脱离危险区域。

（3）引导疏散。发生火灾时，由于人们急于逃离火场，可能会造成拥挤堵塞，疏散通道或安全出口附近的员工，要引导人员疏散，工作人员要坚守岗位、履行职能、疏散通道、打开出口，设法为被困人员指引逃生路线。消防中心收到报警信号并经确认后，在启动灭火系统、防排烟系统和应急照明的同时，应启动消防广播，按照顺序通知人员正确疏散。

（4）稳定情绪引导疏散。疏散引导组人员在火灾发生时要沉着、镇静，要不断地通过手势、喊话或广播等方式稳定被困人员情绪，消除恐慌心理，引导被困人员采取正确的逃生方法，向安全地点疏散逃生，尽量避免人流相向行进，防止拥堵、踩踏或跳楼。

（5）搜寻检查。火场被困人员疏散后，在条件允许时，在保证自身安全的前提下，疏散引导组要进入内部搜寻，按照分工，仔细检查房间内是否还有滞留人员，特别注意检查相对隐蔽部位有无人员被困或昏迷，如发现有遇险者，应组织人员迅速将其救出室外。

2. 酌情通报情况，防止混乱

在人员集中场所的火灾初期阶段，人们还不知道发生火灾，若被困人员多且疏散条件差，火势发展比较慢，发生火灾单位的领导和工作人员就应首先通知出口附近或最不利区域的人员，让他们先疏散出去，然后视情况公开通报，告诉其他人员疏散。在火势猛烈并且疏散条件较好的情况下，可同时公开通报，让全体人员疏散。在火场上怎样通报，可视具体火情而定，但必须保证迅速简便，使各种疏散通道及时得到充分利用。

3. 组织疏散的基本要求

（1）组织健全，责任明确。单位应根据法定要求，建立由单位领导负责，各相关部位、部门负责人参与的应急机构，定人定岗明确职责，做到每个可能有人滞留的部位都有人负责、每个通道都有人开启和引导。

（2）消防设施完备，运行正常。消防设施是安全迅速逃离火海的"生命通道"，任何一个环节出现问题，都会给人员疏散带来不可估量的危害，一定要落实责任制，确定专门的维护、值班人员，经常检查、定期运行，确保其运转正常。

（3）制订方案，经常演练。为了使人员疏散工作有组织、有秩序地进行，单位要结合自身的场所、功能、岗位、人员的实际，制订符合本单位实际的灭火和应急疏散预案，并要定期组织演练，掌握疏散程序和逃生技能。

4. 被困人员疏散方法

（1）熟悉环境。要熟悉所处环境、熟悉单位的疏散通道、安全出口、标志、设施等，在火灾情况下能顺利离开着火建筑。

（2）冷静迅速。火灾现场忌盲目跟随他人行动，以免出现拥堵，发生事故，要保持思维和情绪的冷静和沉着，根据现场具体情况，选择正确的逃生路线和自救方法，脱离险境。

（3）借助器材。火场自救逃生除了利用建筑消防疏散设施和逃生器材外，还应当利用现场一切可供利用的物品，如用湿毛巾或同类物品保护口鼻，防止烟气侵害，用湿棉被、毛毯、衣服等保护头部和身体，冲出火海，将窗帘、床单、台布、被罩等撕开拧成绳索，从高处滑下等。

（4）正确行动。在火场，必须按照低姿前进，匍匐爬行，借用工具，寻机求救等正确的行动要求进行。

（5）保持清醒。必须要保持高度清醒，坚定逃生自救的信念，冷静观察周围环境和火势特别是烟气蔓延发展的方向，回想自己掌握的逃生自救常识，确定逃生方案并大胆尝试。

（6）避难待援。首先是设法向楼下疏散，如果到达着火层以下，则可以被认为是成功逃离火场，如果条件不允许向下疏散，可以利用建筑本身的避难层、避难间躲避火灾威胁，这是一种较为安全的方法；被困在室内时，可以用湿的物品堵塞所有门缝、孔洞防止烟气进入，同时不断向迎火的门、窗上浇水降温，淋湿室内可燃物品，延缓火势向房间蔓延的速度，为消防员救助赢得时间；无论在哪里等待救助，都要想办法向外发出信号，以引起救援人员的注意，如使用电话、投掷较大的柔软物品、高声呼喊、敲击建筑构件、用电筒、火机发出信号、摇晃衣物等。

5. 疏散通道的要求

单位应保障疏散通道、安全出口畅通，并设置符合国家规定的消防安全疏散指示标志和应急照明设施，保持防火门、消防安全疏散指示标志、应急照明等设施处于正常状态。

严禁下列行为：

（1）占用疏散通道。

（2）在安全出口或者疏散通道上安装栅栏等影响疏散的障碍物。

（3）在营业、生产、教学工作等期间将安全出口上锁，遮挡或者将消防安全疏散指示标志遮挡、覆盖。

（4）其他影响安全疏散的行为。

6. 逃生方法

（1）尽量利用建筑物内已有的设施逃生。

（2）利用消防电梯进行疏散逃生，但着火时千万不能乘坐普通电梯。

（3）利用室内的防烟楼梯、普通楼梯、封闭楼梯逃生。

（4）利用建筑物的阳台、通廊、安全绳、下水管道等逃生。

7. 不同部位、不同条件下人员的逃生方法

（1）当某一楼层某一部位起火，且火势已经开始发展时，应注意听通知以及注意安全疏散的路线、方法等，不要一听有火警就惊慌失措盲目行动。

（2）当房间内起火，且门已被火封锁，室内人员不能顺利疏散时，可另寻其他通道。

（3）如果是晚上听到报警，首先应该用手背去接触房门，试

一试房门是否已变热。如果是热的，门不能打开，否则烟和火就会冲进卧室；如果房门不热，火势可能还不大，通过正常的途径逃离房间是可能的。离开房间以后，一定要随手关好身后的门，以防火势蔓延。在楼梯间或过道上遇到浓烟时要马上停下来，千万不要试图从烟火里冲出，也不要躲藏到顶楼或壁橱等地方，应选择别人易发现的地方，向消防队员求救。

（4）当某一防火区着火，如楼房中的某一单元着火，楼层的大火已将楼梯间封住，致使着火层以上楼层的人员无法从楼梯间向下疏散时，被困人员可先疏散到屋顶，再从相邻未着火的楼梯间往地面疏散。

（5）当着火层的走廊、楼梯被烟火封锁时，被困人员要尽量靠近当街窗口或阳台等容易被人看到的地方，向救援人员发出求救信号，以便让救援人员及时发现，采取救援措施。

8．火灾逃生时的注意事项

（1）不能因为惊慌而忘记报警。进入高层建筑后应注意通道、警铃、灭火器位置，一旦火灾发生，要立即按警铃或打电话。

（2）不能一见低层起火就往下跑。低楼层发生火灾后，如果上层的人都往下跑，反而会给救援增加困难。正确的做法是应更上一层楼。

（3）不能因清理行李和贵重物品而延误时间。起火后，如果发现通道被阻，则应关好房门，打开窗户，设法逃生。

（4）不能盲目从窗口往下跳。当被大火困在房内无法脱身时，要用湿毛巾捂住鼻子，阻挡烟气侵袭，耐心等待救援，并想方设法报警呼救。

（5）不能乘普通电梯逃生。高楼起火后容易断电，这时候乘普通电梯就有停运的可能。

（6）不能在浓烟弥漫时直立行走。大火伴着浓烟腾起后，应在地上爬行，避免呛烟和中毒。

第二节 消防器具及使用方法

消防器具是指用于灭火、防火以及火灾事故的器材，包括灭火类器具、报警类器具、破拆类器具等。

一、常用灭火剂

能够有效地在燃烧区破坏燃烧条件，达到抑制燃烧或中止燃烧的物质，称作灭火剂。常用的灭火剂有水、泡沫灭火剂、二氧化碳灭火剂、干粉灭火剂、卤代烷灭火剂等。

（一）水

灭火原理：水是使用最方便的天然灭火剂。用水灭火时，水吸收热量变为蒸汽，能促使燃烧物冷却，使燃烧物温度降低到燃点以下。水浸湿的可燃物，必须具有足够的时间和热量将水分蒸发，然后才能燃烧，这就抑制了火灾的扩大。同时，它包围燃烧区，能降低氧气浓度，从而使燃烧减弱并有效地控制燃烧，使燃烧物因得不到足够的氧气而窒息。尤其是经消防水泵加压的高压水流强烈冲击燃烧物或火焰，冲散燃烧物，使燃烧强度显著降低，从而使火灾熄灭，达到灭火的目的。

适用范围：水具有导电能力，不能用来扑灭电气火灾；不适用于与水反应能够生成可燃气体、容易引起爆炸物质火灾的扑救，如碱金属、乙炔、电石等的火灾；冷水遇到高温熔融的盐液及沥青等会发生爆炸，故不能扑灭此类火灾；油类等密度比水小，不能用一般的水来扑灭火灾（水雾灭火除外）。

（二）干粉灭火剂

干粉是一种干燥的、易流动的并具有很好防潮、防结块性能的固体粉末，又称为粉末灭火剂。干粉灭火剂分为普通干粉灭火剂、多用途干粉灭火剂两类。普通干粉灭火剂（又称 BC 干粉灭火剂）由碳酸氢钠、活性白土、云母粉和防结块添加剂等成分组成。多用途干粉灭火剂（又称 ABC 干粉灭火剂）由磷酸一铵、硫酸铵、催化剂、防结块剂、活性白土等成分组成。

灭火原理：干粉灭火剂平时储存于干粉灭火器或灭火设备中，灭火时依靠加压气体（二氧化碳或氮气）将干粉从喷嘴喷出，形成一股雾状粉流，射向燃烧区，当干粉灭火剂与火焰接触时，发生一系列的物理化学反应，将火扑灭。

适用范围：干粉灭火剂主要用于扑救各种非水溶性及水溶性可燃、易燃液体的火灾，以及天然气和石油气等可燃气体火灾和一般带电设备的火灾；在扑救非水溶性可燃、易燃液体火灾时，可与氟蛋白泡沫联用以取得更好的灭火效果，并有效地防止复燃。

（三）泡沫灭火剂

凡能与水混合，用机械或化学反应的方法产生灭火泡沫的灭火剂，称为泡沫灭火剂。泡沫灭火剂分为化学泡沫和空气泡沫两大类。

灭火原理：由于其密度远远小于一般的可燃、易燃液体，因此可以飘浮在液体的表面，形成保护层，使燃烧物与空气隔断，达到窒息灭火的目的。泡沫灭火剂主要用于扑灭一般可燃、易燃的火灾；同时泡沫还有一定的黏性，能黏附在固体上，所以对扑灭固体火灾也有一定效果。

适用范围：泡沫灭火剂主要适于扑救非水溶性可燃、易燃液体火灾和一般固体物质火灾（如从油罐流淌到防火堤以内的火灾或从旋转机械中漏出的可燃液体的火灾等），以及仓库，飞机库、地下室、地下通道、矿井、船舶等有限空间的火灾。液化天然气等深冷液体的储罐有泄漏时，也可施用高倍数泡沫，以起到防止蒸气挥发和着火的作用。

由于泡沫灭火剂比重小，又具有较好的流动性，在产生泡沫的气流作用下，通过适当的管道，可以输送到一定的高度或较远的地方去灭火。由于油罐着火时，油罐上空的上升气流升力很大，而泡沫的比重却很小，不能覆盖到油面上，所以不能用高倍数泡沫灭火剂扑救油罐火灾。但对室内储存的少量水溶性可燃液体火灾，有时也可用全淹没的方法来扑灭。

蛋白泡沫灭火剂：主要用于扑救一般非水溶性易燃和可燃液体火灾，也可用于扑救一般可燃固体物质的火灾。由于它有良好的热稳定性和覆盖性能，还被广泛地应用于石油储罐的灭火或将泡沫喷入未着火的油罐，以防止附近着火油罐辐射热引燃。使用蛋白泡沫施救原油、重油储罐火灾时，要注意可能引起的油沫沸溢或喷溅。

氟蛋白泡沫灭火剂：主要用于扑救各种非水溶性可燃、易燃液体和一些可燃固体火灾。广泛用于扑救大型储罐（液下喷射）、散装仓库、输送中转装置，生产加工装置、油码头及飞机火灾等。

水成膜泡沫灭火剂：适用于扑灭碳氢化合物 A、B 类火灾，例如石油产品及燃油、汽油、易燃物等的火灾，以及采用"液下喷射"的方式扑救大型油罐火灾。是目前国内油田、油库、机场、地下车库、船舶、码头等场所采用最多的一种泡沫灭火剂。

抗溶性泡沫灭火剂：主要应用于扑救乙醇、甲醇、丙酮、醋酸乙酯等一般水溶性可燃液体火灾和一般固体物质火灾。是化工单位、涂料单位、制药厂及储存各类危险化学品单位必须采用的一种泡沫灭火剂。

高倍数泡沫灭火剂：具有发泡倍数高、封闭性强、灭火效率高、灭火后容易清除等特点。配合高倍数泡沫发生装置可以采用全淹没和覆盖的方式扑灭 A 类和 B 类火灾，可以有效地控制液化石油气、液化天然气的流淌火灾，对 A 类火灾具有良好的渗透性。高倍数泡沫灭火剂能迅速地充满大面积的火灾区域，主要应用于固体物资仓库、易燃液体仓库、有火灾危险的工业厂房（或车间）、地下建筑工程或地下坑道。

（四）二氧化碳灭火剂

二氧化碳灭火剂价格低廉，获取、制备容易，其主要依靠室息作用和部分冷却作用灭火。二氧化碳灭火剂主要用于扑救贵重设备、档案资料、仪器仪表、600V 以下电气设备及油类的初起火灾。

灭火原理：二氧化碳灭火剂是以液态的形式加压充装在灭火器中，由于二氧化碳的平衡蒸气压高，瓶阀一打开，液体立即通过虹吸管、导管和喷嘴并经过喷筒喷出，液态的二氧化碳迅速汽化，并从周围空气中吸收大量的热，但由于喷筒隔绝了对外界的热传导，因此二氧化碳液态汽化时，只能吸收自身的热量，导致液体本身温度急剧降低，当其温度下降到－78.5℃（升华点）时，就有细小的雪花状二氧化碳固体出现。所以以灭火剂喷射出来的是温度很低的气体和固体的二氧化碳，尽管二氧化碳温度很低，对燃烧物有一定的冷却作用，然而这种作用远不足以扑灭火焰。

二氧化碳的灭火作用主要是增加空气中不燃烧、不助燃的成分，使空气中的氧气含量减少，实验表明：燃烧区域空气中氧气的浓度小于或等于 20%，二氧化碳的浓度为 30%～35% 时，绝大多数的燃烧都会熄灭。

二氧化碳具有较高的密度，约为空气的 1.5 倍。在常压下，液态的二氧化碳会立即汽化，一般 1kg 的液态二氧化碳可产生约 0.5m³ 的气体。灭火时，二氧化碳气体可以排除空气而包围在燃烧物体的表面或分布于较密闭的空间中，降低可燃物周围或防护空间内的氧浓度，产生窒息作用而灭火。另外，二氧化碳从储存容器中喷出时，会由液体迅速汽化成气体，而从周围吸引部分热量，起到冷却的作用。

适用范围：二氧化碳灭火剂适于扑救气体火灾，A、B、C 类液体火灾和一般固体物质火灾。二氧化碳灭火时，不会污染火场环境，灭火后不留痕迹，不腐蚀设备。由于二氧化碳不导电，可用来扑救带电设备火灾，特别适于扑救油浸变压器室、充油高压电容器室、多油断路器室、发电机房、通信机房、精密仪器室、贵重设备室、图书馆、档案库、加油站、油泵间等场合的火灾。

二氧化碳不适于扑救下列物质的火灾：自己能供氧的化学物品火灾，如硝酸纤维、火药等；活泼金属及其氢化物的火灾以及能自行分解的化学物质火灾等。二氧化碳灭火剂的缺点是高压储存时压力太大，低压储存时需要致冷设备，二氧化碳膨胀时能产生静电放电，有可能引起着火。

二、常用消防器材

常用的消防器材包括灭火器、消火栓系统、消防破拆工具等。灭火器由筒体、器头、喷嘴等部件组成的，借助驱动压力可将所充装的灭火剂喷出，达到灭火的目的。灭火器结构简单，操作方便，轻便灵活，因此使用面广，是扑救初期火灾的重要消防器材（见图 5-1）。

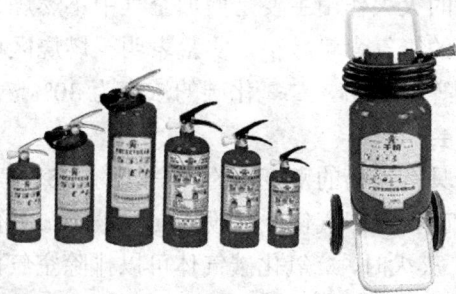

图 5-1　常用灭火器

（一）灭火器

灭火器按其移动方式可分为手提式灭火器和推车式灭火器；按驱动灭火器的压力型式可分为储气式灭火器、储压式灭火器、化学反应式灭火器三类；按所使用的灭火剂划分，可分为清水灭火器、干粉灭火器、卤代烷灭火器、二氧化碳灭火器、酸碱灭火器等类型。

储气式灭火器：灭火剂由灭火器上的储气瓶释放的压缩气体的或液化气体的压力驱动的灭火器。

储压式灭火器：灭火剂由灭火器同一容器内的压缩气体或灭火蒸气的压力驱动的灭火器。

化学反应式灭火器：灭火剂由灭火器内化学反应产生的气体压力驱动的灭火器。

灭火器的型号由类、组、特征代号和主要参数四部分组成，其中类、组、特征代号是用其有代表性的汉语的拼音字母的字头表示，见表5-2。

表5-2　　　　　　　　　灭火器型号含义

类	级	代号	特征	代号含意	主要参数	
					名称	单位
灭火器 M（灭）	水 S（水）	MSQ	清水、Q（清）	手提式清水灭火器	灭火剂填充装置	L
	泡沫 P（泡）	MP MPZ MPT	手提式 舟车式，Z（舟） 推车式，T（推）	手提式泡沫灭火器 舟车式泡沫灭火器 推车式泡沫灭火器		L
	干粉 F（粉）	MF MFB MFT	手提式 背负式，B（背） 推车式，T（推）	手提式干粉灭火器 背负式干粉灭火器 推车式干粉灭火器		kg
	二氧化碳 T（碳）	MT MTZ MTT	手提式 鸭嘴式，Z（嘴） 推车式，T（推）	手提式二氧化碳灭火器 鸭嘴式二氧化碳灭火器 推车式二氧化碳灭火器		kg
	1211 Y（1）	MY MYT	手提式 推车式	手提式1211灭火器 推车式1211灭火器		kg

1. 干粉灭火器

（1）手提式干粉灭火器。干粉灭火器是以干粉为灭火剂，二氧化碳或氮气为驱动气体的灭火器。以驱动气体储存，可分为储气瓶式和储压式两种类型；按充入的干粉灭火剂种类分，有碳酸氢钠干粉灭火器（也称 BC 干粉灭火器）和磷酸铵盐干粉灭火器（也称 ABC 干粉灭火器）两种。

储气瓶式干粉灭火器以二氧化碳（液化）作驱动气体，单独充装在储气瓶内，储气瓶可以内装也可以外装。主要构件为本体、储气瓶、器头〔含保险、密封、间歇装置（内置式有）〕、输气管、输粉管、输粉胶管、喷口等。

储压式干粉灭火器以氮气作驱动气体，氮气与干粉同装于灭火器本体内，其主要构件为本体、器头（含保险、间歇装置、压力表装置、密封、启动装置等）、输粉胶管、喷口等。手提式干粉灭火器结构见图 5-2 和图 5-3。

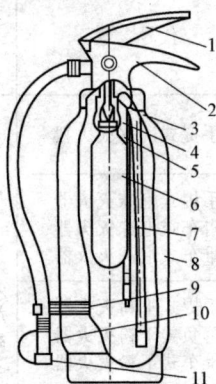

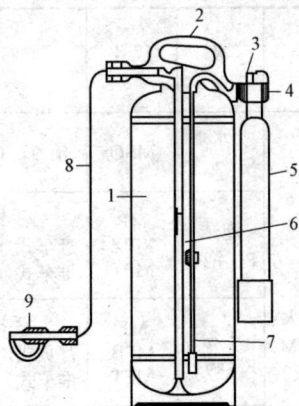

图 5-2　MF 型手提内置式干粉灭火器　　图 5-3　MF 型手提外挂式
1—压把；2—提把；3—刺针；4—密封膜片；　　　　　　　干粉灭火器
5—进气管；6—二氧化碳铜瓶；7—出粉管；　　1—进气管；2—出粉管；3—二氧化碳
8—筒体；9—喷粉管固定夹箍；10—喷粉管　　铜瓶；4—螺母；5—提环；6—筒体；
（带提环）；11—喷嘴　　　　　　　　　　　　7—喷粉胶管；8—喷枪；9—拉环

适用范围：干粉灭火器（包括 BC、ABC 干粉灭火器）适用于扑救石油及其产品、油漆等易燃可燃液体、可燃气体、电气设备的初起火灾（B、C 类火灾），工厂、仓库、机关、学校、商店、车辆、船舶、科研部门、图书馆、展览馆等单位可选用 ABC 干粉灭火器。

使用方法：灭火时，可手提或肩扛灭火器快速奔赴火场，在距燃烧处 5m 左右，放下灭火器。如在室外，应选择在上风方向喷射。使用的干粉灭火器若是储气瓶式的，操作者应一手紧握喷枪，另一手提起储气瓶上的开启提环。如果储气瓶的开启是手轮式的，则按逆时针方向旋开，并旋到最高位置，随即提起灭火器。当干粉喷出后，迅速对准火焰的根部扫射。使用的干粉灭火器若是内置储气瓶式的或者是储压式的，操作者应先将开启把上的保险销拔下，然后握住喷射软管前端喷嘴根部，另一手将开启压把压下，打开灭火器进行喷射灭火。有喷射软管的灭火器或储压式灭火器，在使用时，一手应始终压下压把，不能放开，否则会中断喷射。

干粉灭火器扑救可燃、易燃液体火灾时，应对准火焰根部扫射，如被扑救的液体火灾呈流淌燃烧时，应对准火焰根部由近而远，并左右扫射，直至把火焰全部扑灭。如果可燃液体在容器内燃烧，应对准火焰根部左右晃动扫射，使喷射出的干粉流覆盖整个容器开口表面；当火焰被赶出容器时，仍应继续喷射，直至将火焰全部扑灭。在扑救容器内可燃液体火灾时，应注意不能将喷嘴直接对准液面喷射，防止喷流的冲击力使可燃液体溅出而扩大火势，造成灭火困难。如果可燃液体在金属容器中燃烧时间过长，容器的壁温已高于被扑救可燃液体的自燃点，此时极易造成灭火后再复燃的现象，若与泡沫类灭火器联用，则灭火效果更佳。

用 ABC 干粉灭火器扑救固体可燃物的火灾时，应对准燃烧最猛烈处喷射，并上下左右扫射。如果条件许可，使用者可提着灭火器沿着燃烧物的四周边走边喷，使干粉灭火剂均匀地喷在燃烧物表面，直至将火焰全部扑灭。如果使用有间歇装置的灭火器，灭火后要松开压把，停止喷粉；遇有零星小火，扑灭一处，间歇一次。

维护保养：灭火器应存放场所温度应在使用范围内（储气瓶

式—10～55℃，储压式—20～55℃），且放置于便于取用的通风、阴凉、干燥处，禁止暴晒，以防止驱动气体因受热膨胀而泄漏，影响使用效果；喷嘴胶堵应塞好，以防止干粉受潮或杂质进入胶管，影响喷射。

灭火器应按制造厂规定的要求和周期进行检查。如发现灭火剂结块或气量不足，应更换灭火剂或补充气量。灭火器的维修应由专门单位按制造厂规定的要求进行。灭火器一经开启，必须再行充装；灭火器每 5 年或再充装之前，应对器头、筒体和储气瓶进行水压试验，试验压力为设计压力的 1.5 倍；再行充装好的储气瓶，应进行气密性试验；水压试验和气密性试验合格后方可继续使用。经维修部门修复的灭火器，应有当地消防监督部门认可的标记，并注明维修单位名称及维修日期。

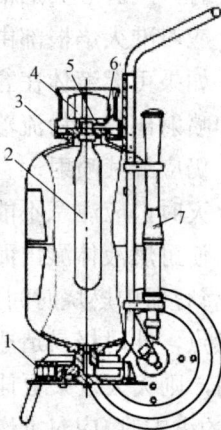

图 5-4　MFT35 型干粉灭火器结构

1—出粉管；2—铜瓶；3—护罩；

4—压力表；5—进气压杆；

6—提环；7—喷枪

（2）推车式干粉灭火器。推车式干粉灭火器是移动式灭火器中灭火剂量较大的消防器材。它适用于石油化工企业和变电站、油库，能迅速扑灭初起火灾。推车式灭火器规格有 MFT35 型、MFT50 型和 MFT70 型三种。下面以 MFT35 型为例加以介绍。

结构形式：MFT35 型干粉灭火器主要由喷枪、储气钢瓶、干粉储罐、车架、进气管、出粉管、压力表、安全阀、喷嘴等组成。这是一种内装式灭火器，其结构如图 5-4 所示。压力表用于显示罐内二氧化碳气体压力，通过压力表的显示来控制进气压杆，使储罐内压力保持最佳状态。安全阀的作用是，当储罐内的气体压力超过最大工作压力时，安全阀自动开启放气降压，起到自动限压作用。

使用方法：MFT35 型灭火器使用时，先取下喷枪，展开出粉管，提起进气压杆，使二氧化碳气体进入储罐，当表压升至 700～1100kPa 时（800～900kPa 灭火效果最佳），放下压杆停止进气，同时两手持喷枪，枪口对准火焰边沿根部，扣动扳机，干粉即从喷嘴喷出，由近至远灭火。如扑救油火时，应注意干粉气流不能直接冲击油面，以免油液激溅引起火灾蔓延。

维护检查：检查车架上的转动部件是否灵活可靠；经常检查干粉有无结块现象，如发现结块，立即更换灭火剂；定期检查二氧化碳质量，发现质量减少 1/10 时，应立即补气；检查密封件和安全阀装置，如发现有故障，须及时修复，修好后方可使用；每隔 3 年，干粉储罐需经 2500kPa 水压试验，二氧化碳钢瓶经 22.5MPa 的水压试验，合格后方能继续使用。

2. 空气泡沫灭火器

结构形式：空气泡沫灭火器的结构形式与储气瓶（内装）式干粉灭火器基本相同，不同的是该灭火器的喷射口为专用泡沫产生器（利用混合液的射流吸入空气产生泡沫）。

空气泡沫灭火器按加压方式分为储气瓶式和储压式两种。储压式空气泡沫灭火器的构造与储气瓶式空气泡沫灭火器的构造基本相同。不同之处是储气瓶式空气泡沫灭火器有一个二氧化碳储气钢瓶，而储压式空气泡沫灭火器没有，但有一块能显示内部工作压力的压力表，如图 5-5 所示。

适用范围：充装蛋白泡沫剂、氟

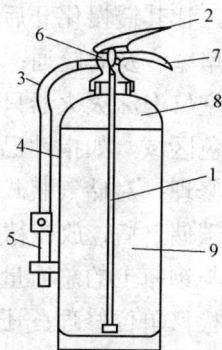

图 5-5　空气泡沫灭火器结构

1—虹吸管；2—压把；3—喷射软管；4—筒体；5—泡沫喷枪；6—筒盖；7—提把；8—加压氮气；9—泡沫混合液

蛋白泡沫剂和轻水（水成膜）泡沫剂，可用于扑救一般固体物质和非水溶性易燃、可燃液体的火灾；充装抗溶性泡沫剂，可以专用于扑救水溶性易燃可燃液体的火灾。

使用方法：该灭火器的启动方式与内装储气瓶式干粉灭火器相同。使用时可手提或肩扛迅速奔到火场，在距燃烧物 6m 左右，拔出保险销，一手握住开启压把，另一手紧握喷枪（或拉出发泡头）；用力捏紧开启压把，打开密封或刺穿储气瓶密封片，空气泡沫即可从喷枪口喷出；喷射泡沫时，泡沫不能直射液面，应经一定缓冲后，流动堆积在燃烧区灭火。

空气泡沫灭火器使用时，应使灭火器始终保持直立状态，切勿颠倒或横卧使用，否则会中断喷射。同时应一直紧握开启压把，不能松手，否则也会中断喷射。另外，如果灭火器安装有喷枪，则在手持喷枪时，不得将进气口堵塞，以免影响发泡率。

维护保养：灭火器应放置在阴凉、干燥、通风的部位，环境温度应为 4～40℃ 之间，冬季应注意防冻；如发现冻结，切勿用火烤，让其慢慢化开后仍能使用；经常查看喷枪喷嘴是否堵塞，如有堵塞应及时疏通；每半年查看灭火器是否有工作压力；对储压式空气泡沫灭火器只要观察器盖上的压力显示器指针是否指示在绿色区域，如指针已回零或在红色区域时，应及时送有关检修单位修理；对储气瓶式空气泡沫灭火器，则要打开器盖，拆下二氧化碳储气瓶，放在精度±5g 的秤上称重，然后查看称出的质量是否与钢瓶上的总质量一致，如小于钢瓶总质量 25g 以上，应送有关检修单位修理；还应检查筒盖橡胶密封圈是否损坏，滤网是否堵塞等，然后再按原样装好待用；该灭火器可供循环使用，每次使用后应打开筒盖，把筒体内部件拆出，一起清洗干净；由于空气泡沫灭火剂种类很多，重新充装灭火剂时，一定要充与原来灭火剂相同的品种，切勿随意更换不同品种的泡沫灭火剂；每次更换灭火剂或出厂已满 3 年的，应对灭火器进行水压强度试验，水压强度试验合格才能继续使用；灭火器的检查应由经过培训的专人进行，维修应由取得维修许可证的专业单位进行。

3. 二氧化碳灭火器

二氧化碳灭火器是（高压）储压式灭火器，以液化的二氧化碳气体本身的蒸气压力作为喷射动力，可分为手提式二氧化碳灭火器和推车式二氧化碳灭火器。

（1）手提式二氧化碳灭火器（见图5-6）。手提式二氧化碳灭火器采用无缝钢管经焖头收口工艺制成。筒体内充装液化二氧化碳，属高压容器。器头有两种形式：一种为螺纹（手轮）锥阀式开关，由于开启速度较低，操作不便，被逐步淘汰；另一种为弹簧杆（压把）式开关，操作较为方便。器头阀座的下侧有一横向通道，接装安全膜片，当筒体内压力超过允许极限时，膜片自行爆裂卸压。喷筒经连接管与器头相连，虹吸管为灭火剂通道，上接器头，下端插入筒体底部。压把式器头上安装有保险销和间歇喷射机构。

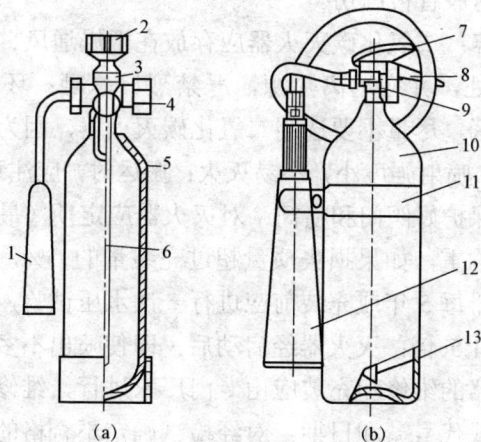

图 5-6 手提式二氧化碳灭火器结构

（a）MT 型手轮式二氧化碳灭火器；（b）MT2 型鸭嘴式二氧化碳灭火器

1—喷筒；2—手轮；3—启闭阀；4—安全阀；5—铜瓶；6—虹吸管；7—压把；

8—提把；9—启闭阀；10—铜瓶；11—卡箍；12—喷筒；13—虹吸管

适用范围：二氧化碳灭火器适用于易燃可燃液体、可燃气体和低压电器设备、仪器仪表、图书档案、工艺品、陈列品等的初起火灾扑救，可放置在贵重物品仓库、展览馆、博物馆、图书馆、档案馆、实验室、配电室、发电机房等场所；扑救棉麻、纺织品火灾时，需注意防止复燃；不可用于轻金属火灾的扑救。

使用方法：灭火器启动方式随开关型式不同而异。螺纹式阀门只需将手轮逆时针方向旋转至最大开启量；压把式启动方式与储压式干粉灭火器相同，向下按压压把或一手同时握持压把和提把，相向用力。灭火时，一手持喇叭筒，一手提灭火器提把，顺风使喷筒从火源侧上方朝下喷射，喷射方向要保持一定的角度，以使二氧化碳迅速覆盖着火源，达到窒息灭火的目的。

使用二氧化碳灭火器扑救电气设备火灾时，要注意，如果电压超过 600V，应先断电，后灭火。使用时要戴手套以免皮肤接触喇叭筒和喷射胶管被冻伤。

维护保养：二氧化碳灭火器应存放在干燥通风、温度适宜、取用方便之处，并应远离热源，严禁烈日暴晒；环境温度低于 $-20℃$ 的地区，尽量不要选用二氧化碳灭火器，因为在低温下，蒸气压力低，喷射强度小，不易灭火；搬运时，应注意轻拿轻放，避免碰撞，保护好阀门和喷筒；对灭火器应定期（最长为 1 年）检查外观和称重，如果损失质量超过充装量的 5%，应维修和再充装；灭火器每 5 年或充装前应进行一次水压试验，试验压力为设计压力的 1.5 倍；灭火器经启动后，即使喷出不多，也应重新充装；灭火器的维修和充装应由专门厂家进行，维修或充装后应标明厂名（或代号）和日期；对经检试确定不合格的灭火器，不得继续使用。

（2）推车式二氧化碳灭火器。推车式二氧化碳灭火器的阀门为螺纹式阀门，其余结构与手提式二氧化碳灭火器相同，见图 5-7。

其适用范围与手提式二氧化碳灭火器相同。使用方法与手提式二氧化碳灭火器略有不同，推车式二氧化碳灭火器一般由两人操作，使用时由两人一起将灭火器推或拉到燃烧处，在离燃烧物 10m 左右停下，一人快速取下喇叭筒并展开喷射软管后，握住喇叭筒根部的手柄（如果没有则需戴手套或用衣物等垫住，以防冻伤），另一人快速按顺时针方向旋动手轮，并开到最大位置。推车式二氧化碳灭火器的灭火方法与手提式的方法一样，维护保养与手提式二氧化碳灭火器相同。

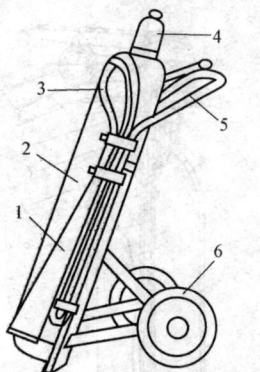

图 5-7　推车式二氧化碳
灭火器结构示意图

1—喇叭口（喷射口）；2—筒体；
3—胶管；4—安全帽（内罩手轮
开关）；5—车架；6—手轮

使用二氧化碳灭火器，在室外使用时，应选择在上风方向喷射。在室内窄小空间使用时，灭火后操作者应迅速离开，以防窒息。

4. 清水灭火器

清水灭火器是以清水为灭火剂的储气瓶式灭火器。

结构形式：清水灭火器的筒体用钢板焊接制成，筒体内盛清洁的水，水中可以加一定比例的添加剂如防冻剂、浸润剂等；喷嘴直接连接在筒壁上，虹吸管为灭火剂通道；上接喷嘴，下端插入筒体底部；器头包括提环、安全帽（保险）凸头（启动用刀阀）以及密封垫等，器头下端连接内置式储气瓶，内盛二氧化碳气体，瓶口阀为密封膜片。清水灭火器结构如图 5-8 所示。

适用范围：清水灭火器可设置于工厂、企业、公共场所等，用以扑救竹、木、棉麻、稻草、纸张等 A 类物质火灾，不适用于扑救油脂、石油产品、电气设备和轻金属火灾。

使用方法：灭火时，手持提环至火场，取下安全帽，将喷嘴

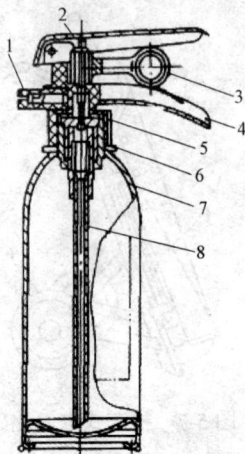

图 5-8　清水灭火器结构示意图

1—安全帽；2—操作凸头；3—提环；

4—喷嘴；5—标尺；6—虹吸管；

7—储气瓶；8—筒体

对准火源，用力打击凸头，刺穿储气瓶口之密封膜片，水即喷出；提起灭火器，使射流射向火源（灭火器保持正立位置）。

维护保养：清水灭火器应放置于干燥、通风、便于取用的地方，环境温度应在 4～45℃范围内，不能放置在露天场所，以防日晒雨淋；使用后筒体内应充装清水，加水量不应超过虹吸管上所示水位标尺线；每次充装前，应进行压力为 25MPa 的水压试验，合格后方可充装使用；灭火器的维修和充装应由专业厂家承担，并经当地消防监督部门认可。

5. 1211 灭火器

1211 灭火器是以卤代烷二氟-氯-溴甲烷为灭火剂，以氮气作驱动气体的灭火器，但由于卤代烷不利于环保，非必要场所一般不再配备；消防器材销售商未经许可，也不再销售。

（1）手提式 1211 灭火器。

1）结构形式：灭火器筒体由钢板拉伸焊底制成，灭火剂 1211 与驱动气体氮气盛于筒体内；器头由铜合金（或铝合金、不锈钢、工程塑料）制成，包括喷嘴、启动压把、保险卡、提把、密封机构、点射机构等；4kg 规格以上的，还设有喷射软管；虹吸管与器头相接，插入至筒体底部，是灭火剂的通道。1211 灭火器结构可见图 5-9。

2）适用范围：由于 1211 灭火剂灭火效率高，电绝缘性好，对金属无腐蚀，灭火后不留痕迹，因此，1211 灭火器适用于油类、电气设备、仪器仪表、图书档案、工艺品等初起火灾的扑救，可设置在贵重物品仓库、实验室、精密仪器等消防监督部门确定的必要场所。

3）使用方法：1211灭火器的生产厂家不同，启动机构和保险装置的形式也不一样，大部分是图5-9所示的结构。操作使用时，将灭火器提至火场，先拆下铅封，拔掉保险卡（保险销），在灭火器有效喷射距离内，将喷嘴（或胶管喷口）对准火焰根部，按下启动压把后，密封开启，灭火剂喷出；松开压把，间歇喷射机构复位，喷射停止；喷射时，应迅速左右摆动，向前平推扫射，防止回火复燃；如扑救液体

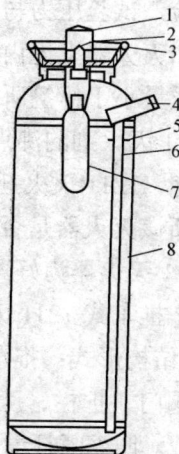

图 5-9　1211 灭火器结构示意图

1—喷嘴；2—压把；3—安全销；

4—提把；5—筒盖；6—密封阀；

7—筒体；8—虹吸管

火灾，灭火剂不要直接射入液面；如遇零星火点，可点射灭火。扑救可燃固体物质的初起表面火灾时，则将喷流对准燃烧最猛烈处喷射，当火焰被扑灭后，应及时采取措施，不让其复燃。1211灭火器使用时不能颠倒，也不能横卧，否则灭火剂不会喷出。在室外使用时，应选择在上风方向喷射；在窄小空间的室内灭火时，灭火后操作者应迅速撤离，因1211灭火剂也有一定毒性。

维护保养：应存放在通风、干燥、阴凉及取用方便的场合，环境温度在−10～45℃之间为好；不要存放在加热设备附近，也不应放在有阳光直晒的部位及有强腐蚀性的地方；每隔半年左右检查灭火器上显示内部压力的显示器，如发现指针已降到红色区域时，应及时送维修部门检修；每次使用后不管是否有剩余应送维修部门进行再充装，每次再充装前或出厂3年以上的，应进行

水压试验，试验压力与贴花上所标的值相同，试验合格方可继续使用；如灭火器上无内部压力显示器的，可采用称重的方法，当称出的质量小于标签所标明质量的90%时，应送维修部门修理；由于1211灭火剂的沸点为-4℃，当在-5℃以下环境时，即使氮气都漏完，1211灭火剂的泄漏也很少，因此采用称重的办法，并不能判断该灭火器是否可用，所以购买时应选购有内部压力显示器的1211灭火器为好。

（2）推车式1211灭火器。

1）结构形式：推车式1211灭火器由推车、钢瓶（储压式）、手轮式阀门、护栏、压力表喷射胶管、手把开关、伸缩喷杆和喷嘴等组成，伸缩喷杆最大伸长时可达2m，便于接近火源，或扑救高处火灾。喷嘴有两种形式：一种是雾化型，喷雾面积大；另一种是直射型，射程远。推车式1211灭火器结构见图5-10。其适用范围与手提式1211灭火器相同。推车式1211灭火器的维护要求与手提式1211灭火器相同。

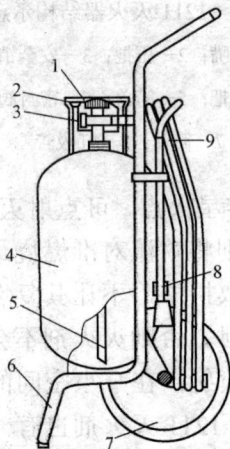

图 5-10　推车式 1211 灭火器
结构示意图

1—开关；2—护栏；3—压力表；
4—筒体；5—虹吸管；6—车架；
7—车轮；8—喷枪；9—喷管；

2）使用方法：灭火时，一般由两人操作，先将灭火器推或拉到火场，在距燃烧处10m左右停下，一人快速放开喷射软管后，紧握喷枪，对准燃烧处；另一人则快速打开灭火器阀门。阀门开启一般有三种：一种按顺时针方向旋动手轮，并开启到最大位置；另一种是旋转90°即可开启；还有一种为压下开启杆，由凸轮装置将阀门顶开。灭火方法

与手提式1211灭火器相同。

（二）消火栓

消火栓是与供水管路连接，由阀、出水口和壳体等组成的消防供水装置，分为室内消火栓（见图5-11）和室外消火栓（见图5-12）。

图5-11　室内消火栓

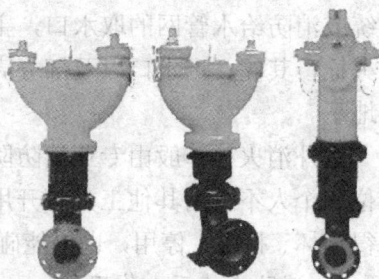

图5-12　室外消火栓

1. 室内消火栓

室内消火栓设于建筑内部，包括消火栓、水带、水枪等，由开启阀门和出水口组成，并配有双卷的水带和水枪，一般都安装在有玻璃门的消防箱内，有的还设计安装有消防卷盘、报警按钮、指示灯等附件。使用时，一般由两人配合，一人拉开消火栓箱门，迅速取下挂架上的水带或取出双卷水带甩出，手持一端的接口和水枪冲向起火处，途中将水枪和水带接口接好；另一人将接口另一端连接在消火栓出水口上，并旋转手轮打开阀门，水即喷出。

如果箱门锁住，可用钥匙打开或用硬物击碎箱门上的玻璃；如有报警按钮，可同时按动，此时消火栓箱上的红色指示灯亮，给控制室和消防泵房送出火警信号。需要注意的是，使用时，须避免水带打死折，并应尽量拉直水带，以保证水流畅通。水从水枪口喷出时，会产生很大的反作用力，使人难以把持，不小心还会打到人，因此，握水枪者应将水带夹于腋下，双手紧握水枪，开启阀门者应慢慢放水，不要突然将水流开到最大。消防卷盘的输水胶管平时卷绕在胶管卷盘上，使用时，手握小口径水枪头，胶管拉出任一长度、任意绕曲均可出水，可灵活应用于室内初起火灾的扑救。

2. 室外消火栓

室外消火栓（见图5-12）是露天设置的消火栓，是市政供水系统或消防给水管网的取水口，主要分为地上和地下两种。地上消火栓，其阀、出水口以及部分壳体露出地面，地下消火栓安装于地下。

室外消火栓一般由专业消防队的消火栓专用扳手开启，任何单位和个人不得用其他工具打开用于扑救火灾以外的其他目的，不得损坏、拆除、停用，也不能碰撞、圈占、埋压和设置障碍物。

3. 消防水的灭火作用

消防用水除取自消火栓等人工水源外，还可以取之于天然水源，如地表水或地下水，可以单独灭火，也可与其他不同的化学添加剂组成混合液使用。

（1）冷却作用。每千克水的温度升高1℃，可吸收热量4184J；每千克水蒸发汽化时，可吸收热量2259kJ；水具有较好的导热性。因而，当水与燃烧物接触或流经燃烧区时，将被加热或汽化，吸收热量，从而使燃烧区温度大大降低，使燃烧中止。

（2）窒息作用。水的汽化将产生大量水蒸气占据燃烧区，可阻止新鲜空气进入，降低燃烧区氧的浓度，使可燃物得不到氧的补充，导致燃烧强度减弱直至中止。

（3）稀释作用。水本身是一种良好的溶剂，可以溶解亲水性可燃液体如醇、醛、醚、酮、酯等。因此，当此类物质起火后，如果容器的容量允许或可燃物料流散，可用水予以稀释。由于可燃物浓度降低而导致可燃蒸汽量的减少，使燃烧减弱。当可燃液体的浓度降到可燃浓度以下时，燃烧即行中止。

（4）分离作用。经射水器具（尤其是直流水枪）喷射形成的水流有很大的冲击力，这样的水流遇到燃烧物时，将使火焰产生分离。这种分离作用一方面使火焰端部得不到可燃蒸汽的补充，另一方面使火焰根部失去维持燃烧所需的热量，使燃烧中止。

（5）乳化作用。非水溶性可燃液体的初起火灾，在未形成热波之前，以较强的水雾射流（或滴状射流）灭火，可在液体表面形成"油包水"型乳液，乳液的稳定程度随可燃液体黏度的增加而增加，重质油品甚至可以形成含水油泡沫。水的乳化作用可使可使液体表面受到冷却，使可燃蒸气产生的速率降低，致使燃烧中止。

4. 水的灭火应用

（1）利用不同的射水器具，可产生不同的水流形态。

密集射流（直流水）：利用直流水枪可产生呈"柱状"连续流动的密集射流，即直流水。密集射流是几种水流形态中最具冲击力的射流。

滴状射流（开花水）：利用开花水枪或大水滴喷水头可产生呈滴状流动的水流，即开花水。滴状射流的水滴直径通常为 500～1500μm 之间，其冲击力低于密集射流，可保证一定的射水距离，并获得较大的喷洒面积。

雾状射流（喷雾水）：利用喷雾水枪或雾流喷水头可产生水滴直径小于 100um 的雾状射流。产生雾状射流需较高的压力。这种射流具有很大的比表面积，可大大增加水与燃烧物料的接触面，有良好的冷却效果。

在实际火场上，水流形态可能是不规则的。如由于空气阻力和地心引力的作用，或水柱交叉以及障碍物的撞击，柱状的密集射流会变成初步分散的水流，其水滴直径的分布很广；呈分散流动的滴状水，水滴直径最大可达 6mm 甚至更大，尤其是扩张角可调的开花水枪，水滴直径的变化范围也是很大的

（2）适用火灾范围。以水灭火，适用范围受水流形态、燃烧物料的类别和状态、水添加剂的成分等条件的制约。用直流水或开花水可扑救一般固体物质的表面火灾，如木材及其制

品、棉麻及其制品、粮草、纸张、建筑物等；可以扑救闪点在120℃以上的重油火灾；在遵守安全措施的前提下，可以扑救带电设备的火灾，如变压器、电容器等。用雾状水可扑救阴燃物质的火灾；可以扑救可燃粉尘（如面粉、煤粉、糖粉等）的火灾；对于上列火灾，如果使用润湿剂，灭火效果则更好。用水可以扑救汽油、煤油、乙醇等低闪点石油产品的火灾；可以扑救浓硫酸、浓硝酸场所的火灾，或稀释浓度高的强酸；可以扑救带电设备的火灾。用水蒸气可以扑救封闭空间（如船舱）内的火灾。

（3）应用注意事项。漏包的钢水或铁水，不可以水直接溅入，因高温会使水急剧汽化，同时有部分分解，易造成人身伤亡。精密仪器、仪表、工艺品、重要档案资料或图书，有重要价值的房间，溅水或水渍的损失，有时甚至大于火灾损失（应考虑使用气体灭火剂）。直流水的冲击会引起粉尘物料的飞扬，易在空气中形成爆炸性混合物，有爆炸的危险。对于粉尘物料、阴燃物质或水难浸透的物质，建议使用雾状水（含润湿剂效果更好）。向密闭房间内的阴燃物质射水时，可能产生大量热水蒸气，有灼伤危险。用直流水扑救燃油、脂肪等储罐的火灾，有产生溢流、喷溅或喷出使火势蔓延的危险，建议使用泡沫，起码用小水滴开花水流。用直流水或开花水直接喷射氧化钾、浓硫酸或浓硝酸时，由于酸液局部过热，有发生喷溅的危险，可使用雾状水流。对于带电设备的火灾，在保持一定安全距离的条件下，可以用自来水扑救。使用自来水扑救电压在 35kV 以下的带电设备火灾时，应使用 13mm 或 16mm 口径的水枪，水枪口与火点距离在 10m 以上，或者水枪口径（mm）等于安全距离（m）。如果不能远距离射水，可采用尽量小的水枪口径，并增大射流的仰角；使用达到正常雾化状态的喷雾水枪，安全距离可以缩至 5m。如果水枪射流严重受空间限制而达不到安全距离要求，可以考虑水枪接地或水枪手穿着均压服等。

5. 水灭火的禁用范围

（1）轻金属火灾。此类物质遇水有产生爆炸性气体而引起爆炸或水流冲散燃烧的金属块导致火势蔓延的危险。

（2）遇水分解而产生可燃气体、有毒气体的物质的火灾。此类物质遇水产生爆炸性气体或有毒气体，可能引起爆炸或造成灭火人员中毒。特殊情况可考虑使用其他灭火剂或实施消防员个人防护。

（3）处于熔化状态的钢或铁。在其未冷却之前射水，可引起爆炸。

（4）处于白热状态的化合物或炭。遇水有产生氢气、一氧化碳，有引起爆炸或人员中毒的危险。

（三）破拆工具

破拆工具设备（破拆器材装备）按动力源可分为手动破拆工具、电动破拆工具、机动破拆工具、液压破拆工具、气动破拆工具、弹能破拆工具、其他破拆工具等。破拆工具主要用于消防、交通等，在发生火灾、车祸、突击救援情况下使用，快速破拆、清除栏杆、倒塌建筑钢筋等障碍物，包括消防斧、切割工具等。

1. 消防斧

消防斧的作用：清理着火或易燃材料，切断火势蔓延的途径，还可以劈开被烧变形的门窗，解救被困的人员。消防斧结构示意如图 5-13 所示。消防斧斧头应采用符合标准技术要求的钢材制

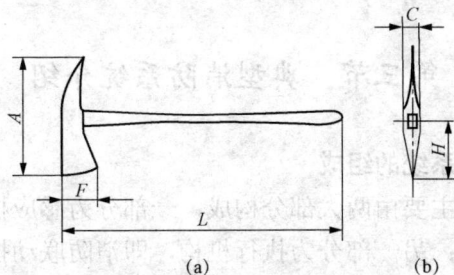

图 5-13　消防斧结构示意图

（a）消防平斧；（b）消防尖斧

造，斧柄应采用硬质木材，含水率应不大于 16%。消防斧产品型号的构成如图 5-14 所示，如 GFP 810 表示全长 810mm 的消防平斧，GFJ 715 表示全长 715mm 的消防尖斧。

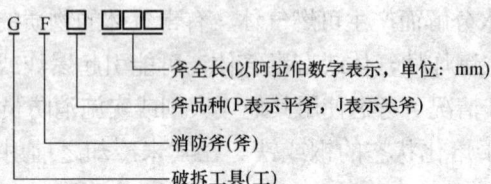

G F □ □□□

斧全长(以阿拉伯数字表示，单位: mm)

斧品种(P表示平斧，J表示尖斧)

消防斧(斧)

破拆工具(工)

图 5-14　消防斧产品型号的构成

2. 切割工具

切割工具包括机动链锯（见图 5-15）、无齿锯、液压破拆工具组等。

图 5-15　机动链锯

第三节　典型消防系统介绍

一、消防系统的组成

消防系统主要由两大部分构成：一部分为感应机构，即火灾自动报警系统；另一部分为执行机构，即消防联动控制系统，包括自动灭火控制系统及辅助灭火或避难指示系统。

图 5-16　火灾自动报警系统部分组件

　　火灾自动报警系统由触发器件（包括火灾探测器和手动火灾报警按钮）、火灾报警控制装置、火灾警报装置及电源四部分构成，用于完成检测火情并及时报警的任务。而消防联动控制系统是在火灾条件下，控制固定灭火、消防通信及广播、事故照明及疏散指示标志、防排烟等消防设施动作的电气控制系统，通常由消防联动控制器、模块、气体灭火控制器、消防电气控制装置、消防应急电源、消防应急广播设备、消防电话、消防控制室图形显示装置、消防电动装置、消火栓按钮等全部或部分设备组成。其中，消防联动控制器是消防系统的重要组成设备，主要功能是接收火灾报警控制器的火灾报警信号或其他触发器件发出的火灾报警信号，根据设定的控制逻辑发出的控制信号，控制各类消防设备实现相应功能，消防联动控制器和火灾报警控制器可以组合成一台设备，称为火灾报警控制器（联动型系统），它具备火灾报警控制器和消防联动控制器的所有功能。

二、消防系统的主要功能

　　消防系统能自动捕捉火灾探测区域内火灾发生时的烟、温、光等物理量，发出声光报警并控制自动灭火系统，同时联动其他设备的输出触点，控制事故照明及疏散标记、事故广播及通信、消防给水和防排烟设施，以实现检测、报警和灭火的自动化，另外，还能实现向城市或地区消防队发出救灾请求，进行通信联络。图 5-17 所示为火灾自动报警系统部分组件。

图 5-17　火灾探测器

（一）火灾自动报警系统

1. 系统组成

探测器：火灾探测器具体包括感温火灾探测器、感烟火灾探测器、复合式感烟感温火灾探测器、紫外火焰火灾探测器、可燃气体火灾探测器、红外对射火灾探测器等。图 5-17 所示为某型号火灾探测器。

报警装置：包括手动报警按钮、火灾声报警器、火灾光报警器、火灾声光报警器等。

报警控制器：包括报警主机、CRT 显示器、直接控制盘、总线制操作盘、电源盘，消防电话总机、消防应急广播系统等。

报警方式：包括区域报警、集中报警、控制中心报警。

2. 系统的主要功能

火灾发生时，探测器将火灾信号传输到报警控制器，通过声光信号表现出来，并在控制面板上显示火灾发生部位，从而达到预报火警的目的。同时，也可以通过手动报警按钮来完成手动报警的功能。

3. 系统容易出现的问题、产生的原因、处理方法

（1）探测器误报警，探测器故障报警。

原因：探测器灵敏度选择不合理，环境湿度过大，风速过大，粉尘过大，机械振动，探测器使用时间过长，器件参数下降等。

处理方法：根据安装环境选择适当灵敏度的探测器，安装时应避开风口及风速较大的通道，定期检查，根据情况清洗和更换探测器。

（2）手动报警按钮报警，手动报警按钮故障报警。

原因：按钮使用时间过长，参数下降或按钮人为损坏。

处理方法：定期检查，损坏的及时更换，以免影响系统运行。

（3）报警控制器故障。

原因：机械本身器件本身损坏报故障或外接探测器、手动按按钮问题引起报警控制器报故障、报火警。

处理方法：用表或自身诊断程序检查机器本身，排除故障，或按（1）和（2）的处理方法，检查故障是否由外界引起。

（4）线路故障。

原因：绝缘层损坏，接头松动，环境湿度过大，造成绝缘下降。

处理方法：用表检查绝缘程度，检查接头情况，接线时采用焊接、塑封等工艺。

（二）消防联动控制系统

1. 消火栓系统

（1）系统组成。消火栓系统由消防泵、稳压泵（稳压罐）、消火栓箱、消火栓阀门、接口水枪、水带、消火栓报警按钮、消火栓系统控制柜等组成。消火栓箱根据箱门的开启方式，按下门上的弹簧锁，销子自动退出，拉开箱门后，取下水枪拉转水带盘，拉出水带，同时把水带接口与消火栓接口连接上，按下箱体内的消火栓报警按钮，把室内消火栓手轮顺开启方向旋开，即能进行喷水灭火。消防水枪是灭火的射水工具，其与水带连接会喷射密

集充实的水流，具有射程远、水量大等优点，它由管牙接口、枪体和喷嘴等主要零部件组成。直流开关水枪是由直流水枪增加球阀开关等部件组成的，可以通过开关控制水流。消防水带是消防现场输水用的软管，消防水带按材料可分为有衬里消防水带和无衬里消防水带两种。无衬里水带承受压力低、阻力大、容易漏水、易霉腐，寿命短，适合于建筑物内火场铺设。衬里水带承受压力高、耐磨损、耐霉腐、不易渗漏、阻力小，经久耐用，也可任意弯曲折叠，随意搬动，使用方便，适用于外部火场铺设。

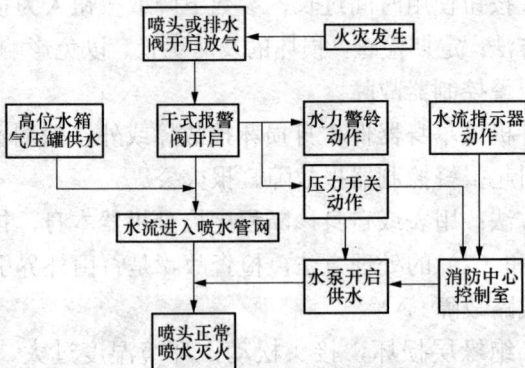

图 5-18　自动喷水灭火系统结构示意图

（2）系统的主要功能。消火栓系统管道中充满有压力的水，如系统有微量泄漏，可以靠稳压泵或稳压罐来保持系统的水和压力。当发生火灾时，首先打开消火栓箱，按要求接好接口、水带，将水枪对准火源，打开消火栓阀门，水枪立即有水喷出，按下消火栓按钮时，通过消火栓启动消防泵向管道中供水。

（3）系统容易出现的问题、产生的原因及处理方法。

1）打开消火栓阀门无水。其原因可能管道中有泄漏点，使管道无水，且压力表损坏，稳压系统不起作用。处理方法：检查泄漏点、压力表、修复或安上稳压装置，使管道有水。

2）按下手动按钮，不能联动启动消防泵。原因可能是手动按钮接线松动、按钮本身损坏、联动控制柜本身故障、消防泵启动柜故障或接线松动或消防泵本身故障等。处理方法：检查各设备接线、设备本身器件，检查泵本身电气、机构部分有无故障并进行排除。

2. 自动喷水灭火系统

（1）系统组成。自动喷水灭火系统由闭式喷头、水流指示器、湿式报警阀、压力开关、稳压泵、喷淋泵、喷淋控制柜等。图5-18所示为自动喷水灭火系统结构示意图。

（2）系统的主要功能。系统处于正常工作状态时，管道内有一定压力的水，当有火灾发生时，火场温度达到闭式喷头的温度时，玻璃泡破碎，喷水头（见图5-19）出水，管道中的水由静态变为动态，水流指示器动作，信号传输到消防控制中心的消防控制柜上报警，当湿式报警装置报警，压力开关动作后，通过控制柜启动喷淋泵为管道供水，完成系统的灭火功能。

（3）系统容易出现的问题、产生的原因、处理方法。

1）稳压装置频繁启动。原因：主要为湿式报警装置前端有泄漏，也可能是水暖件或连接处泄漏，闭式喷头泄漏，末端泄放装置没有关好。处理方法：检查各水暖件、喷头和末端泄放装置，找出泄漏点进行处理。

2）水流指示器在水流动作后不报信号。原因：除电气线路及端子压线问题外，主要是水流指示器本身问题，包括桨片不动、桨片损坏，微动开关损坏、干簧点触点烧毁，永久性磁铁不起作用。处理方法：检查桨片是否损坏或塞死不动，检查永久性磁铁、干簧管等器件是否损坏。

3）喷头动作后或末端泄放装置打开，联动泵后前端管道无水。原因：主要为湿式报警装置的蝶阀不动作，湿式报警装置不能将水送到前端管道。处理方法：检查湿式报警装置，主要是蝶阀，其应灵活翻转，再检查湿式装置的其他部件。

4）联动信号发出，喷淋泵不动作。原因：可能控制装置及消防泵启动柜连线松动或器件失灵，也可能是喷淋泵本身机械故障。处理方法：检查各连线及水泵本身。

图 5-19　喷水头

（三）防排烟系统

（1）系统组成：由排烟阀、手动控制装置、排烟机、防排烟控制柜组成。

（2）系统的主要功能：火灾发生时，防排烟控制柜接到火灾信号，发出打开排烟机的指令，火灾区开始排烟，也可人为地通过手动控制装置进行人工操作，完成排烟功能。

（3）系统容易出现的问题、产生的原因、处理方法。

1）排烟阀打不开。原因：排烟阀控制机械失灵，电磁铁不动作或机械锈蚀引起排烟阀打不开。处理方法：经常检查操作机构是否锈蚀，是否有卡住的现象，检查电磁铁是否工作正常。

2）排烟阀手动打不开。原因是手动控制装置卡死或拉筋线松动。处理方法：检查手动操作机构。

3）排烟机不启动。原因：排烟机控制系统器件失灵或连线松动，机械故障。处理方法：检查机械系统及控制部分各器件系统连线等。

（四）防火卷帘门系统

（1）系统组成：由感烟探测器、感温探测器、控制按钮、电机、限位开关、卷帘门控制柜等组成。图 5-20 所示为防火卷帘门。

图 5-20 防火卷帘门

（2）系统的主要功能：在火灾发生时起防火分区隔断作用，火灾发生时感烟探测器报警，火灾信号送到卷帘门控制柜，控制柜发出启动信号，卷帘门自动降到 1.8m 的位置（特殊部位的卷帘门也可一降到底），如果感温探测器报警，卷帘门才降到底。

（3）系统容易出现的问题、产生的原因、处理方法。

1）防火卷帘门不能上升下降。原因：可能为电源故障、电机故障或门本身卡住。处理方法：检查主电、控制电源及电机，检查门本身。

2）防火卷帘门有上升无下降或有下降无上升。原因：下降或上升按钮问题，接触器触头及线圈问题，限位开关问题，接触器联锁动断触点问题。处理方法：检查下降或上升按钮，下降或上升接触器触头开关及线圈，查限位开关，查下降或上升接触器联锁动断触点。

3）在控制中心无法联动防火卷帘门。原因：控制中心控制装置本身故障，控制模块故障，联动传输线路故障。处理方法：检查控制中心控制装置本身，检查控制模块，检查传输线路。

（五）消防事故广播及对讲系统

（1）系统组成：由扩音机、扬声器、切换模块、消防广播控制柜组成。

（2）系统的主要功能：当消防值班人员得到火情后，可以通过电话与各防火分区通话了解火灾情况，以便处理火灾事故，也可通过广播及时通知有关人员采取相应措施，进行疏散。

（3）系统容易出现的问题、产生的原因、处理方法。

1）广播无声。原因：一般为扩音机无输出。处理方法：检查扩音机本身。

2）个别部位广播无声。原因：扬声器有损坏或连线松动。处理方法：检查扬声器及接线。

3）不能强制切换到事故广播。原因：一般为切换模块的继电器不动作引起。处理方法：检查继电器线圈及触点。

4）无法实现分层广播。原因：分层广播切换装置故障。处理方法：检查切换装置及接线。

5）对讲电话不能正常通话。原因：对讲电话本身故障，对讲电话插孔接线松动或线路损坏。处理方法：检查对讲电话及插孔本身，检查线路。

第四节　电缆火灾及预防

电缆的外裸材料多为有机物，以沟道、桥架、竖井及悬挂的形式进行敷设，连通全厂各处的电力设备。一旦电缆着火，就会造成严重的火灾蔓延，并引发停产、停电事故。而且电缆一旦着火，事故中扑救难，事故后修复也难。

一、电缆起火的内部原因

（1）短路。电缆内部由于各种原因相接和相碰，产生电流突然增大的现象叫短路。电缆发生短路的主要原因有：使用电缆没有按具体环境选用，绝缘受到高温、潮湿或腐蚀等作用的影响，失去了绝缘能力；绝缘层老化或受损，使线芯裸露；电源过压，电缆绝缘被击穿等。

（2）过载。电缆中允许连续通过而不使电缆过热的电流量，称之为安全载流量或安全电流，电缆流过的电流超过安全电流值就叫过载，过载即是超负荷。过载时，绝缘加速老化，甚至损坏，引起短路火灾事故。发生过载的主要原因有：电缆截面选择不当，实际负载超过了电缆的安全载流量；在线路中接入了过多或功率过大的电气设备，超过了电缆的负载能力等。

（3）接触电阻过大。电缆连接时，在接触面上形成的电阻称为接触电阻。电缆接头是电缆火灾产生最常见的重要部位，接头处理良好，则接触电阻小。若连接不牢或选用密封绝缘材料的质量如果不符合要求，接头接触不良则会导致局部接触电阻过大，在电力运行中接头就会氧化、过热，使金属变色甚至融化，引起绝缘材料中可燃物燃烧。在电缆火灾的自身原因中，电缆接头的问题占 70%。发生接触电阻过大的主要原因有：安装质量差，造成电缆与电气设备衔接连接不牢；连接处沾有杂质，如氧化层、泥土、油污，连接点由于长期振动或冷热变化，造成接头松动；铜铝混接时。由于接头处理不当，在电腐蚀作用下接触电阻会很快增大。上述三种情况之所以能引起火灾，是由于短路时电阻突然减小，而电流突然增大，导体的放热量增加。短路放出的热量是正常时 960 多倍，短路电流比正常电流大 30 多倍，在极短的时间内会产生很大的热量，不仅能使绝缘层燃烧而且能使金属融化引起邻近的易燃、可燃物燃烧，从而引起火灾。

（4）电缆的保护绝缘体受机械损伤，引起电缆相间的绝缘击穿而发生电弧，电缆的绝缘材料起火燃烧。

（5）电缆长时间过负荷运行，使电缆绝缘过热或干枯，造成绝缘性能的下降，在一段电缆上发生多处击穿着火。

二、电缆火灾的外部原因

外界火源和热源引起电缆火灾事故，如电焊的熔渣掉在电缆的杂物上，而将电缆引燃；制粉系统安全门爆破引燃电缆；锅炉跑正压后大量火星喷出掉在电缆上引燃电缆；电缆上积粉尘未及时清除长期聚热不散引燃电缆等。此外还有火灾蔓延、粉尘自燃、高温烘烤或其他火种等原因。

三、电缆防火的主要措施

使电缆难燃的基本途径有：使电缆构成材料中的可燃物质尽量减少，创造隔绝氧气、减少传导、遮断热辐射的条件，使电缆燃烧时形成厚的强固炭化层，以隔断可燃质与氧气的接触并增加燃烧过程中的冷制作用。根据以上几种基本途径，电缆防火所采用的措施如下：

（1）使用耐火电缆和阻燃电缆。耐火电缆就是在火燃烧条件下仍能在规定时间（约 4h）内保持通电的电缆。它能满足发生火灾时通道的照明、应急广播、防火报警装置、自动消防设施及其他应急设备的正常使用，使人员及时疏散。在火灾发生期间，它还具备发烟量小，烟气毒性低等特点。

（2）使用防火涂料。丙烯酸涂料适用于不良环境。改性氨基涂料适用于潮湿环境。膨胀型过氯乙烯防火涂料的特点是遇火膨胀生成均匀致密的蜂窝状隔热层，有良好的隔热、耐水、耐油性，该涂料刷喷均可，但施工过程中必须隔绝火源，每隔 8h 涂刷一次，达到每平方米 400～500g 即可，但这种刷涂型防火涂料，在电缆密度大、长度长、空间小等场合使用不方便，且耗时费力，劳动强度大，影响施工工期。

（3）防火包带。国内生产的电缆防火包带，采取往复各一次的绕包方式缠绕在电缆上，水平布置达到了 7 层，经模型试验，显示出了有效的阻燃性能，用于局部防火要求高的地方效果特别好，能达到以较低费用而达到较好的防火效果。在实际工作中经常使用在电力电缆接头两侧及相邻电缆 2～3m 长的区段施加防火涂料或防火包带，可达到良好的防火要求。

（4）防火堵料。防火堵料是一种理想的电缆贯穿孔洞和防火墙的封堵材料，它能有效地阻止电缆火灾窜延，阻止火灾通过孔洞向邻室蔓延，该堵料其耐火性能甚好，基本不导热，一般封堵厚度 7～10cm 即可达到耐火阻燃要求。此材料在电缆进墙孔，端子箱孔等孔洞处大量使用，既方便，效果又好，安全防火效果显著。

（5）阻火隔墙。用阻火隔墙将电缆隧道、沟道分成若干个阻火段，尽可能地缩小事故范围、减少损失。阻火隔墙一般采用软性材料构筑。既便于在已敷好的电缆通道上堆砌封墙，又可在运行中轻易地更换电缆。经试验表明，240mm 左右厚度的阻火墙阻火能力显著。此外，沿阻火墙两侧电缆上紧邻 0.5～1m 范围，添加防火涂料或包带时，可不需设置通道防火门，这样能有效地防止电缆着火时通过门孔穿出火焰和热气流的影响，解决了正常运行中隧道通风与防火的矛盾。

（6）耐火隔板。耐火隔板应用于封堵电缆贯穿孔洞，作多层电缆层间分隔和各层防火罩，具有优良的特性。耐火隔板与耐火材料构成竖井封堵层，不仅满足耐火性要求，且满足承载巡视人员的荷重，也便于增添更换电缆。

（7）阻燃桥架。电缆阻燃桥架具有优良的耐火、隔热、阻燃自熄、耐腐蚀等特点，并能与各类金属直型桥架配套。

（8）电缆防火隔墙。防火隔墙可将长电缆隧道、电缆沟道分割成小区段，将着火区间尽量缩小，尽可能地缩小事故范围、减少损失。防火隔墙一般采用软性材料构筑，一般采用耐火隔板、硅酸铝纤维毡、防火堵料、防火涂料等。防火隔墙用矿渣棉筑成，既便于在已敷好的电缆通道上堆砌封墙，又可在运行中方便地更换电缆，在隧道中与防火门配套使用。为了便于电缆新增与更换，防火隔墙应简易而便于拆卸。电缆隧道里起分隔措施的电缆防火墙厚度一般不应小于 240mm，防火墙要比电缆支架宽 100mm 以上，防火墙两侧还要有不小于 1000mm 的阻火段，才能有效地防止电缆火灾的串延。

四、电缆火灾的扑救

（1）切断起火电缆电源。电缆着火燃烧，无论何原因引起，都应立即切断电源，然后根据电缆所经过的路径和特征，认真检查，找出电缆的故障点，同时应迅速组织人员进行扑救。

（2）电缆沟内起火非故障电缆电源的切断。当电缆沟中的电缆起火燃烧时，如果与其同沟并排敷设的电缆有明显的着火可能性，则应将这些电缆的电源切断。电缆若是分层排列，则首先将起火电缆上面的受热电缆电源切断，然后将与起火电缆并排的电缆电源切断，最后将起火电缆下面的电缆电源切断。

（3）关闭电缆沟隔火门或堵死电缆沟两端。当电缆沟内的电缆起火时，为了避免空气流通，以利迅速灭火，应将电缆沟的隔火门关闭或将两端堵死，采用窒息的方法灭火。

（4）做好扑灭电缆火灾时的人身防护。由于电缆起火燃烧会产生大量的浓烟和毒气，扑灭电缆火灾时，扑救人员应戴防毒面具。为防止扑救过程中的人身触电，扑救人员还应戴橡皮手套和穿绝缘靴。

（5）用水灭电缆火灾，应选用喷雾水枪。如果燃烧猛烈，待切断电源后，向沟内灌水熄火。

（6）扑救电缆火灾时，禁止接触和移动电缆，特殊情况必须用水带电灭火时，切记应在水枪头上，牢固地安装接地线，持枪者手的位置应在地线后，然后根据水压尽量远距离放水扑救。

第六章

紧 急 救 护

第一节　紧急救护的基本原则

紧急救护的基本原则是在现场采取积极措施，保护伤员的生命，减轻伤情，减少痛苦，并根据伤情需要，迅速与医疗急救中心（医疗部门）联系救治。急救成功的关键是动作要快，操作正确，任何拖延和操作错误都可能会导致伤员伤情加重或死亡。

要认真观察伤员全身情况，防止伤情恶化。发现伤员意识不清，瞳孔扩大无反应，呼吸、心跳停止时，应立即在现场就地抢救，用心肺复苏法支持呼吸和循环，对脑、心等重要脏器供氧。心脏停止跳动后，只有分秒必争地迅速抢救，救活的可能性才较大。

现场工作人员都应定期接受培训，学会紧急救护法，会正确解脱电源，会心肺复苏法，会止血、会包扎、会固定，会转移搬运伤员，会处理急救外伤或中毒等。生产现场和经常有人工作的场所应配备急救箱，存放急救用品，并应指定专人经常检查、补充或更换。

第二节　触 电 急 救

一、触电急救的基本要求

触电急救应分秒必争，一经明确心跳、呼吸停止的，立即就地迅速用心肺复苏法进行抢救，并坚持不断地进行，同时及早与医疗急救中心（医疗部门）联系，争取医务人员接替救治。在医务人员接替救治前，不应放弃现场抢救，更不能只根据没有呼吸或脉搏的表现，擅自判定伤员死亡，放弃抢救。只有医生有权做出伤员死亡的诊断。与医务人员接替时，应提醒医务人员在触电者转移到医院的过程中不得间断抢救。

二、触电者脱离电源

触电急救，首先要使触电者迅速脱离电源，越快越好，因为电流作用的时间越长，伤害越重。脱离电源，就是要把触电者接触的那一部分带电设备的所有断路器（开关）、隔离开关（刀闸）或其他断路设备断开，或设法将触电者与带电设备脱离开。在脱离电源过程中，救护人员也要注意保护自身的安全。如果触电者处于高处，应采取相应措施，防止该伤员脱离电源后自高处坠落形成复合伤。

1. 低压触电时触电者脱离电源的方法

（1）如果触电地点附近有电源开关或电源插座，可立即拉开开关或拔出插头，断开电源。但应注意到拉线开关或墙壁开关等只控制一根线的开关，有可能因安装问题只能切断中性线而没有断开电源的相线。

（2）如果触电地点附近没有电源开关或电源插座（头），可用有绝缘柄的电工钳或有干燥木柄的斧头切断电线，断开电源。

（3）当电线搭落在触电者身上或压在身下时，可用干燥的衣服、手套、绳索、皮带、木板、木棒等绝缘物作为工具，拉开触电者或挑开电线，使触电者脱离电源。

（4）如果触电者的衣服是干燥的，又没有紧缠在身上，可以用一只手抓住他的衣服，拉离电源。但因触电者的身体是带电的，其鞋的绝缘也可能遭到破坏，救护人不得接触触电者的皮肤，也不能抓他的鞋。

（5）若触电发生在低压带电的架空线路上或配电台架、进户线上，对可立即切断电源的，则应迅速断开电源，救护者迅速登杆或登至可靠地方，并做好自身防触电、防坠落安全措施，用带有绝缘胶柄的钢丝钳、绝缘物体或干燥不导电物体等工具将触电者脱离电源。

2. 高压触电时触电者脱离电源的方法

（1）立即通知有关供电单位或用户停电。

（2）戴上绝缘手套，穿上绝缘靴，用相应电压等级的绝缘工具按顺序拉开电源开关或熔断器。

（3）抛掷裸金属线使线路短路接地，迫使保护装置动作，断开电源。注意抛掷金属线之前，应先将金属线的一端固定可靠接地，另一端系上重物抛掷，注意抛掷的一端不可触及触电者和其他人。另外，抛掷者抛出线后，要迅速离开接地的金属线 8m 以外或双腿并拢站立，防止跨步电压伤人。在抛掷短路线时，应注意防止电弧伤人或断线危及人员安全。

3. 触电者脱离电源后的注意事项

（1）救护人不可直接用手、其他金属及潮湿的物体作为救护工具，而应使用适当的绝缘工具。救护人最好用一只手操作，以防自己触电。

（2）要防止触电者脱离电源后可能的摔伤，特别是当触电者在高处的情况下，应考虑防止坠落的措施。即使触电者在平地，也要注意触电者倒下的方向，注意防摔。救护者也应注意救护中自身的防坠落、摔伤措施。

（3）救护者在救护过程中特别是在杆上或高处抢救伤者时，要注意自身和被救者与附近带电体之间的安全距离，防止再次触及带电设备。电气设备、线路即使电源已断开，对未做安全措施挂上接地线的设备也应视作有电设备。救护人员登高时应随身携带必要的绝缘工具和牢固的绳索等。

（4）如事故发生在夜间，应设置临时照明灯，以便于抢救，避免意外事故，但不能因此延误切除电源和进行急救的时间。

三、现场就地急救的方法

触电者脱离电源以后，现场救护人员应迅速对触电者的伤情进行判断，对症抢救。同时设法联系医疗急救中心（医疗部门）的医生到现场接替救治。要根据触电伤员的不同情况，采用不同的急救方法。

（1）触电者神志清醒、有意识，心脏跳动但呼吸急促、面色苍白，或曾一度电休克但未失去知觉，此时不能用心肺复苏法抢救，应将触电者抬到空气新鲜、通风良好的地方躺下，让其安静休息 1~2h，慢慢恢复正常。天凉时要注意保温，并随时观察呼吸、脉搏变化，条件允许时送医院进一步检查。

（2）触电者神志不清，判断意识无，有心跳，但呼吸停止或极微弱时，应立即用仰头抬颏法，使气道开放并口对口进行人工呼吸。此时切记不能对触电者施行心脏按压。如此时不及时用人工呼吸法抢救，触电者将会因缺氧过久而引起心跳停止。

（3）触电者神志丧失，判定意识无，心跳停止，但有极微弱的呼吸时，应立即施行心肺复苏法抢救。不能认为尚有微弱呼吸，只需做胸外按压，因为这种微弱呼吸已起不到人体需要的氧交换作用，如不及时人工呼吸即会发生死亡，若能立即施行口对口人工呼吸法和胸外按压，就有抢救成功的可能。

（4）触电者心跳、呼吸停止时，应立即用心肺复苏法进行抢救，不得延误或中断。

（5）触电者和雷击伤者心跳、呼吸停止，并伴有其他外伤时，应先迅速进行心肺复苏急救，然后再处理外伤。

（6）发现杆塔上或高处有人触电，要争取时间及早在杆塔上或高处开始抢救。触电者脱离电源后，应迅速将伤员扶卧在救护人的安全带上（或在适当地方躺平），然后根据伤者的意识、呼吸及颈动脉搏动情况采用（1）~（5）所述的方法进行急救。应提醒的是，在高处抢救触电者，迅速判断其意识和呼吸是否存在是十分重要的。若呼吸已停止，开放气道后立即口对口（鼻）吹气

2 次，再测试颈动脉，如有搏动，则每 5s 继续吹气 1 次，若颈动脉无搏动，可用空心拳头叩击心前区 2 次，促使心脏复跳。为使抢救更为有效，应立即设法将伤员营救至地面，并继续按心肺复苏法坚持抢救。

1）单人营救法。首先在杆上安装绳索，将绳子的一端固定在杆上，固定时绳子要绕 2～3 圈，绳子的另一端系在触电者的腋下，方法是先用柔软的物品垫在腋下，然后用绳子环绕一圈，打 3 个靠结，绳头塞进触电者腋旁的圈内并压紧，绳子的长度应为杆的 1.2～1.5 倍。最后将触电者的脚扣和安全带松开，再解开固定在电杆上的绳子，缓缓地将触电者放下。

2）双人营救法。双人营救法与单人营救方法基本上相同，只是绳子的另一端由杆下人员握住缓缓下放，此时绳子要长一些，应为杆高的 2.2～2.5 倍。营救人员要协调一致，防止杆上人员突然松手，杆下人员没有准备而发生意外。

（7）触电者衣服被电弧光引燃时，应迅速扑灭其身上的火源，着火者切忌跑动，可利用衣服、被子、湿毛巾等扑火，必要时可就地躺下翻滚，将火扑灭。

判断触电者有无意识　　　　大声呼救　　　　放置触电者

图 6-1　触电者脱离电源后的处理

四、触电者脱离电源后的处理

（1）判断触电者有无意识的方法：轻轻拍打触电者肩部，高声喊叫；若有意识，立即送医院救治；若眼球固定、瞳孔散大，无反应时，立即用手指甲掐压人中穴、合谷穴约 5s。以上三步动作应在 10s 以内完成，时间不可太长，触电者如出现眼球活动、四肢活动及疼痛感后，应即停止掐压穴位，拍打肩部时不可用力太重，以防加重可能存在的骨折等损伤。

（2）紧急呼救。一旦初步确定触电者意识丧失，应立即招呼周围的人前来协助抢救，哪怕周围无人，也应该大叫"来人啊！救命啊！"另外，急救时一定要呼叫其他人来帮忙，因为一个人做心肺复苏术不可能坚持较长时间，而且劳累后动作易走样。来帮忙的人除协助做心肺复苏外，还应立即打电话给救护站或呼叫受过救护训练的人前来帮忙。

（3）放置体位。正确的抢救体位是仰卧位，触电者头、颈、躯干平卧无扭曲，双手放于两侧躯干旁。触电者摔倒时面部向下，应在呼救的同时小心地将其转动，使触电者全身各部成一个整体。尤其要注意保护颈部，可以一手托住颈部，另一手扶着肩部，以脊柱为轴心，使伤员头、颈、躯干平稳地直线转至仰卧，四肢平放在坚实的平面上。图 6-1 为触电者脱离电源后的处理示意图。

注意事项：抢救者跪于触电者肩颈侧旁，将其手臂举过头，拉直双腿，注意保护颈部；解开触电者上衣，放置触电者暴露胸部（或仅留内衣）；天冷时要注意使其保暖。

（4）通畅气道。当发现触电者呼吸微弱或停止时，应立即通畅触电者的气道以促进触电者呼吸或便于抢救。通畅气道主要采用仰头举颏法，即一手置于前额使头部后仰，另一手的食指与中指置于下颌骨近下颏角处，抬起下颏，如图 6-2 所示。

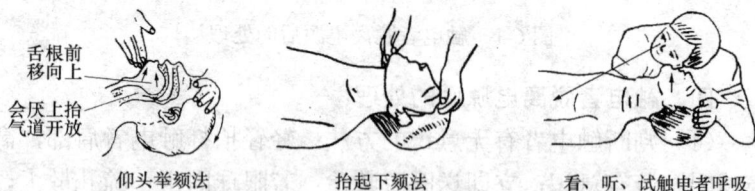

舌根前移向上

会厌上抬气道开放

仰头举颏法　　　　抬起下颏法　　　　看、听、试触电者呼吸

图 6-2　畅通气道、判断呼吸

注意：严禁用枕头等物垫在触电者头下，手指不要压迫触电者颈前部、颏下软组织，以防压迫气道，颈部上抬时不要过度伸展，有假牙托者应取出。儿童颈部易弯曲，过度抬颈反而使气道闭塞，因此不要抬颈牵拉过甚。成人头部后仰程度应为 90°，儿童头部后仰程度应为 60°，婴儿头部后仰程度应为 30°，颈椎有损伤的伤员应采用双下颌上提法。检查伤员口、鼻腔，如有异物立即用手指清除。

（5）判断呼吸。触电者如意识丧失，应在开放气道后 10s 内用看、听、试的方法判定触电者有无呼吸，见图 6-2。

一看：触电者的胸、腹壁有无呼吸起伏动作。

二听：用耳贴近触电者的口鼻处，听有无呼气声音。

三试：用颜面部的感觉测试口鼻部有无呼气气流。

若无上述体征可确定无呼吸，一旦确定无呼吸后立即进行人工呼吸。当判断触电者确实不存在呼吸时，应即进行口对口（鼻）的人工呼吸，其具体方法如下：

1）在保持呼吸通畅的位置进行。用按于前额一手的拇指与食指捏住触电者鼻孔（或鼻翼）下端，以防气体从口腔内经鼻孔逸出，施救者深吸一口气屏住并用自己的嘴唇包住（套住）伤员微张的嘴。

2）每次向触电者口中吹气持续 1～1.5s，同时仔细地观察伤员胸部有无起伏，如无起伏，说明气未吹进，如图 6-3 所示。

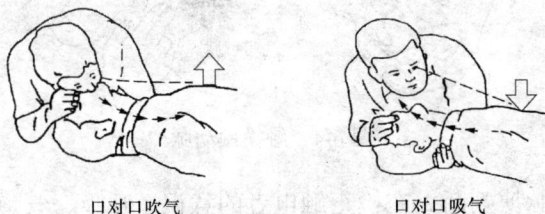

口对口吹气　　　　　　　口对口吸气

图 6-3　人工呼吸

3）一次吹气完毕后，应即与触电者口部脱离，轻轻抬起头部，面向触电者胸部，吸入新鲜空气，以便做下一次人工呼吸。同时使触电者的口张开，捏鼻的手也可放松，以便触电者从鼻孔通气，观察触电者胸部向下恢复时，则有气流从触电者口腔排出，如图6-3所示。

抢救一开始，应即向触电者先吹气两口，吹气时胸廓隆起者人工呼吸有效；吹气无起伏者，则气道通畅不够，或鼻孔处漏气，或吹气不足，或气道有梗阻，应及时纠正。

注意事项：①每次吹气量不要过大，约600mL，吹气量过大会造成胃扩张；②吹气时不要按压胸部，如图6-3所示；③儿童伤员需视年龄不同而异，其吹气量约为500mL，以胸廓能上抬时为宜；④抢救一开始的首次吹气，吹气两次，每次时间1～1.5s；⑤有脉搏无呼吸的触电者，则每5s吹一口气，每分钟吹气12次；⑥口对鼻的人工呼吸，适用于难以采用口对口吹气法，有严重的下颌及嘴唇外伤、牙关紧闭、下颌骨骨折等情况的触电者；⑦婴、幼儿急救操作时要注意，因婴、幼儿韧带、肌肉松弛，故头不可过度后仰，以免气管受压，影响气道通畅，可用一手托颈，以保持气道平直；婴、幼儿口鼻开口均较小，位置又很靠近，抢救者可用口贴住婴、幼儿口与鼻的开口处，施行口对口、鼻呼吸。

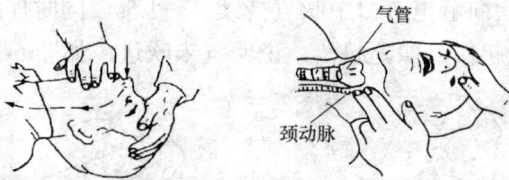

图6-4　触摸颈动脉

（6）脉搏判断。在检查触电者的意识、呼吸、气道之后，应对触电者的脉搏进行检查，以判断伤员的心脏跳动情况（非专业救护人员可不进行脉搏检查，对无呼吸、无反应、无意识的触电者立即实施心肺复苏）。具体方法如下：

1）在开放气道的位置下进行（首次人工呼吸后）。

2）一手置于触电者前额，使头部保持后仰，另一手在靠近抢救者一侧触摸颈动脉。

3）可用食指及中指指尖先触及气管正中部位，男性可先触及喉结，然后向两侧滑移 2～3cm，在气管旁软组织处轻轻触摸颈动脉搏动，如图 6-4 所示。

注意事项：①触摸颈动脉不能用力过大，以免推移颈动脉，妨碍触及。②不要同时触摸两侧颈动脉，以免造成头部供血中断。③不要压迫气管，以免造成呼吸道阻塞。④检查时间不要超过 10s。⑤未触及搏动，可能心跳已停止，或触摸位置有错误；触及搏动，说明有脉搏、心跳，也可能是触摸感觉错误（可能将自己手指的搏动感觉为触电者脉搏）。⑥判断应综合审定，如无意识、无呼吸、瞳孔散大，面色绀紫或苍白，再加上触不到脉搏，可以判定心跳已经停止。⑦婴、幼儿因颈部肥胖，颈动脉不易触及，可检查肱动脉，肱动脉位于上臂内侧腋窝和肘关节之间的中点，用食指和中指轻压在内侧，即可感觉到脉搏。

（7）胸外心脏按压。在对心跳停止者进行按压前，先手握空心拳，快速垂直击打伤员胸前区胸骨中下段 1～2 次，每次 1～2s，力量中等，胸骨若无效，则立即胸外心脏按压，不能耽误时间。按压部位为胸骨中 1/3 与下 1/3 交界处，如图 6-5（a）所示。按压时，触电者应仰卧于硬板床或地上。如为弹簧床，则应在伤员背部垫一块硬板，硬板长度及宽度应足够大，以保证按压胸骨时，触电者身体不会移动，但不可因找寻垫板而延误开始按压的时间。

1）测定按压部位。首先触及触电者上腹部，以食指及中指沿触电者肋弓处向中间移滑，在两侧肋弓交点处寻找胸骨下切迹，见图 6-5（b）。以切迹作为定位标志，不要以剑突下定位，然后将食指及中指两横指放在胸骨下切迹上方，食指上方的胸骨正中部即为按压区［见图 6-5（c）］以另一手的掌根部紧贴食指上方，放在按压区［见图 6-5（d）］，再将定位之手取下，重叠将掌根放于另一手背上，两手手指交叉抬起，使手指脱离胸壁［见图 6-5（e）］。

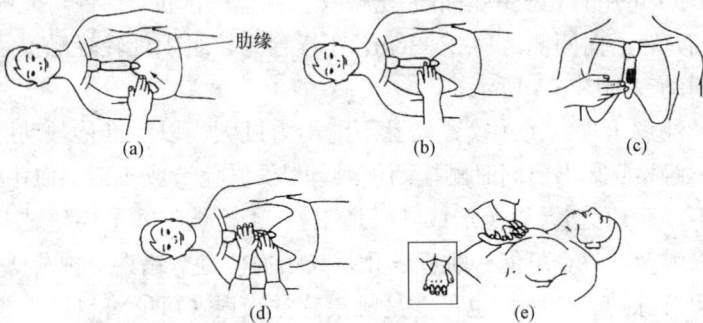

图 6-5　胸外心脏按压

（a）快速测定按压部位；（b）二指沿肋弓向中移滑；（c）按压区；

（d）掌根部放在按压区；（e）重叠掌根

2）按压姿势。抢救者双臂绷直，双肩在触电者胸骨上方正中，靠自身重量垂直向下按压，如图 6-6 所示。

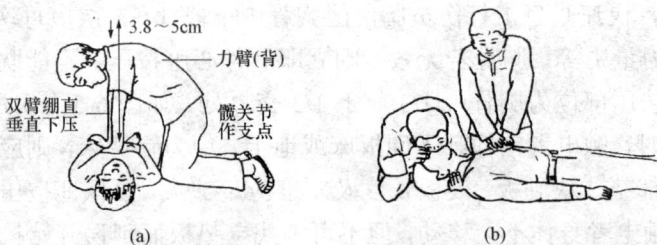

图 6-6　心肺复苏法按压姿势

（a）按压正确姿势；（b）双人复苏法

3）按压用力方式。按压应平稳、有节律地进行，不能间断，不能冲击式地猛压。下压及向上放松的时间应相等，压按至最低点时，应有一明显的停顿。按压时应垂直用力向下，不要左右摆动。放松时定位的手掌根部不要离开胸骨定位点，但应尽量放松，务使胸骨不受任何压力。按压频率应保持在 100 次/min 左右。在按压的同时，若施以人工呼吸的，其比例关系通常是：成人为 30:2，婴儿、儿童为 15:2。按压深度通常是：成人为 4～5cm，5～13 岁为 3cm，婴幼儿为 2cm。

4）胸外心脏按压常见的错误。

a）按压除掌根部贴在胸骨外，手指也压在胸壁上，这容易引起骨折。

b）按压定位不正确，向下易使剑突受压折断而致肝脏破裂，向两侧易致肋骨或肋软骨骨折，导致气胸、血胸。

c）按压用力不垂直，导致按压无效或肋软骨骨折，特别是摇摆式按压更易出现严重并发症，见图 6-7（a）。

d）抢救者按压时肘部弯曲，因而用力不够，按压深度达不到 3.8～5cm，见图 6-7（b）。

e）冲击式按压，其效果差，且易导致骨折；放松时抬手离开胸骨定位点，造成下次按压部位错误，也容易引起骨折；放松时未能使胸部充分松弛，胸部仍承受压力，使血液难以回到心脏。按压速度不自主地加快或减慢，影响按压效果；双手掌不是重叠放置，而是交叉放置，都是常见的错误，见图 6-7（c）。

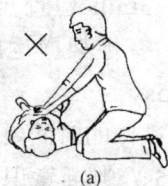

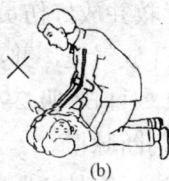

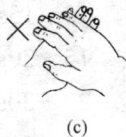

图 6-7　胸外心脏按压常见的错误
(a) 按压用力不垂直；(b) 按压深度不够；(c) 双手掌交叉位置

（8）心肺复苏法。心肺复苏法是指触电者因各种原因（如触电）造成心跳、呼吸突然停止后，他人采取措施使其恢复心跳、呼吸功能的一种系统的紧急救护法，主要包括气道畅通、口对口人工呼吸、胸外心脏按压及所出现的并发症的预防等。

1）操作过程。首先判断触电者有无意识。如无反应，立即呼救，叫"来人啊！救命啊！"等，然后迅速将触电者放置于仰卧位，并放在地上或硬板上，开放气道（①仰头举颏或颌；②清除口、鼻腔异物），判断触电者有无呼吸（通过看、听和感觉来进行），如无呼吸，立即口对口吹气两口，使触电者保持头后仰，另一手检查颈动脉有无搏动。如有脉搏，表明心脏尚未停跳，可仅做人工呼吸，每分钟 12～16 次；如无脉搏，立即在正确定位下在胸外按压位置进行心前区叩击 1～2 次。叩击后再次判断有无脉搏，如有脉搏即表明心跳已经恢复，可仅做人工呼吸，如无脉搏立即在正确的位置进行胸外按压。每做 30 次按压，需做 2 次人工呼吸，然后再在胸部重新定位，再做胸外按压，如此反复进行，直到协助抢救者或专业医务人员赶来。按压频率为 100 次/min，开始 2min 后检查一次脉搏、呼吸、瞳孔，以后每 4～5min 检查一次，检查不超过 5s，最好由协助抢救者检查。如有担架搬运触电者，应该持续做心肺复苏，中断时间不超过 5s。

2）操作的时间要求。

0～5s：判断意识。

5～10s：呼救并放好伤员体位。

10～15s：开放气道，并观察呼吸是否存在。

15～20s：口对口呼吸 2 次。

20～30s：判断脉搏。

30～50s：进行胸外心脏按压 30 次，并再人工呼吸 2 次，以后连续反复进行。

以上程序尽可能在 50s 以内完成，最长不宜超过 1min。

3）双人复苏操作要求。两人应协调配合，吹气应在胸外按压的松弛时间内完成。按压频率为 100 次/min。按压与呼吸比例为30:2，即 30 次心脏按压后，进行 2 次人工呼吸。为配合默契，可由按压者数口诀"1、2、3、4、…、29、吹",当吹气者听到"29"时,做好准备,听到"吹"后,即向伤员嘴里吹气,按压者继而重数口诀"1、2、3、4、…、29、吹",如此周而复始循环进行。

人工呼吸者除需通畅触电者呼吸道、吹气外,还应经常触摸其颈动脉和观察瞳孔等,如图6-4所示。

4)心肺复苏法注意事项。吹气不能在向下按压心脏的同时进行。数口诀的速度应均衡,避免快慢不一。操作者应站在触电者侧面便于操作的位置,单人急救时应站立在触电者的肩部位置;双人急救时,吹气人应站在触电者的头部一侧,按压心脏者应站在触电者胸部,但与吹气者相对的一侧。人工呼吸者与心脏按压者可以互换位置,互换操作,但中断时间不超过5s。第二抢救者到现场后,应首先检查颈动脉搏动,然后再开始做人工呼吸。如心脏按压有效,则应触及搏动,如不能触及,应观察心脏按压者的技术操作是否正确,必要时应增加按压深度及重新定位。可以由第三抢救者及更多的抢救人员轮换操作,以保持精力充沛、姿势正确。

5)心肺复苏的有效指标。心肺复苏术操作是否正确,主要靠平时严格训练,掌握正确的方法。而在急救中判断复苏是否有效,可以根据以下几个方面综合考虑:

a)瞳孔。复苏有效时,可见伤员瞳孔由大变小,如瞳孔由小变大、固定、角膜混浊,则说明复苏无效。

b)面色(口唇)。复苏有效,可见伤员面色由紫绀转为红润,如若变为灰白,则说明复苏无效。

c)颈动脉搏动。按压有效时,每一次按压可以摸到一次搏动,若停止按压搏动亦消失,应继续进行心脏按压;若停止按压后脉搏仍然跳动,则说明伤员心跳已恢复。

d)神志。复苏有效,可见伤员有眼球活动,睫毛反射与对光反射出现,甚至手脚开始抽动,肌张力增加。

e)出现自主呼吸。伤员自主呼吸出现,并不意味着可以停止人工呼吸，如果自主呼吸微弱，仍应坚持口对口呼吸。

（9）转移和终止。在现场抢救时，应力争抢救时间，切勿为了方便或使触电者更舒适而去移动触电者，以免延误现场抢救的时间。现场心肺复苏应坚持不断地进行，抢救者不应频繁更换，即使送往医院途中也应继续进行。鼻导管给氧绝不能代替心肺复苏术。如需将触电者由现场移往室内，中断操作时间不得超过 7s；通道狭窄、上下楼层、送上救护车等的操作中断不得超过 30s。将心跳、呼吸恢复的触电者用救护车送医院时，应在触电者背部放一块长、宽适当的硬板，以备随时进行心肺复苏。由专业人员接手前，仍应继续进行心肺复苏。不论在什么情况下，终止心肺复苏，由医生或医生组成的抢救组的首席医生决定，否则不得放弃抢救。高压或超高压电击的伤员心跳、呼吸停止，更不应随意放弃抢救。

（10）电击伤伤员的心脏监护。被电击伤并经过心肺复苏抢救成功的电击伤员，都应让其充分休息，并在医务人员指导下进行不少于 48h 的心脏监护。因为伤员在被电击过程中，由于电压、电流、频率的直接影响和组织损伤而产生的高钾血症，以及由于缺氧等因素引起的心肌损害和心律失常，经过心肺复苏抢救，在心跳恢复后，有的伤员还可能会出现"继发性心脏跳动停止"，故应进行心脏监护，以对心律失常和高钾血症的伤员及时予以治疗。

（11）抢救过程注意事项。

1）在进行人工呼吸和急救前，应迅速将触电者衣扣、领带、腰带等解开，清除口腔内假牙、异物、黏液等，保持呼吸道畅通。

2）不要使触电者直接躺在潮湿或冰冷地面上急救。

3）人工呼吸和急救应连续进行，换人时节奏要一致。如果触电者有微弱自主呼吸时，人工呼吸还要继续进行，但应和触电者的自主呼吸节奏一致，直到呼吸正常为止。

4）现场触电抢救，对采用肾上腺素等药物应持慎重态度。如没有必要的诊断设备条件和足够的把握，不得乱用。在医院内抢救触电者时，由医务人员经医疗仪器设备诊断，根据诊断结果决定是否采用。

5）对触电者的抢救要坚持进行。发现瞳孔放大、身体僵硬、应经医生诊断，确认死亡方可停止抢救。

（12）抢救过程中的再判定：

1）按压吹气 2min 后（相当于单人抢救时做了 5 个 30:2 压吹循环），应用看、听、试方法在 5～10s 时间内完成对伤员呼吸和心跳是否恢复的再判定。

2）若判定颈动脉已有搏动但无呼吸，则暂停胸外按压，而再进行 2 次口对口人工呼吸，接着每 5s 吹气一次（即每分钟 12次）。如脉搏和呼吸均未恢复，则继续坚持心肺复苏法抢救。

3）在抢救过程中，要每隔数分钟再判定一次，每次判定时间均不得超过 5～10s。在医务人员接替抢救前，现场抢救人员不得放弃现场抢救。

第三节　创　伤　急　救

一、创伤急救的基本要求

创伤急救原则上是先抢救、后固定、再搬运，并注意采取措施，防止伤情加重或污染。需要送医院救治的，应立即做好保护伤员措施后送医院救治。急救成功的条件是：动作快，操作正确，任何延迟和误操作均可加重伤情，并可能导致死亡。

二、创伤急救的基本方法

抢救前先使伤员安静躺平，判断全身情况和受伤程度，如有无出血、骨折和休克等。外部出血立即采取止血措施，防止失血过多而休克。外观无伤，但呈休克状态，神志不清或昏迷者，要考虑胸腹部内脏或脑部受伤的可能性。为防止伤口感染，应用清洁布片覆盖。救护人员不得用手直接接触伤口，更不得在伤口内填塞任何东西或随便用药。搬运时应使伤员平躺在担架上，腰部束在担架上，防止跌下。平地搬运时伤员头部在后，上楼、下楼、下坡时头部在上。搬运中应严密观察伤员，防止伤情突变。伤员搬运时的方法如图 6-8 所示。

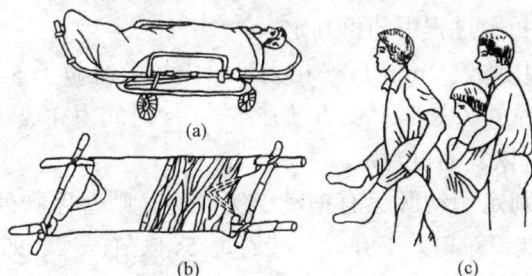

图 6-8　伤员搬运方法

（a）伤员平卧；（b）担架；（c）搬运

若怀疑伤员有脊椎损伤（高处坠落者），在放置体位及搬运时必须保持脊柱不扭曲、不弯曲，应将伤员平卧在硬质平板上，并设法用沙土袋（或其他代替物）放置头部及躯干两侧以适当固定之，以免引起截瘫。

（1）止血急救。

伤口渗血：用较伤口稍大的消毒纱布数层覆盖伤口，用止血带或弹性较好的布带等止血时，应先用柔软布片或伤员的衣袖等数层垫在止血带下面，再包扎。若包扎后仍有较多渗血，可再加绷带适当加压止血。伤口出血呈喷射状或鲜红血液涌出时，立即用清洁手指压迫出血点上方（近心端），使血流中断，并将出血肢体抬高或举高，以减少出血量。

用止血带止血时，扎紧止血带，以刚使肢端动脉搏动消失为度。上肢每 60min、下肢每 80min 放松一次，每次放松 1～2min。

开始扎紧与每次放松的时间均应书面标明在止血带旁。扎紧时间不宜超过 4h。不要在上臂中 1/3 处和腋窝下使用止血带，以免损伤神经。若放松时观察已无大出血可暂停使用。

严禁用电线、铁丝、细绳等作止血带使用。高处坠落、撞击、挤压可能有胸腹内脏破裂出血。受伤者外观无出血但常表现面色苍白，脉搏细弱，气促，冷汗淋漓，四肢厥冷，烦躁不安，甚至神志不清等休克状态，应迅速躺平，抬高下肢（见图 6-9），保持温暖，速送医院救治。若送院途中时间较长，可给伤员饮用少量糖盐水。

（2）骨折急救。肢体骨折可用夹板或木棍、竹竿等将断骨上、下方两个关节固定（见图 6-9），也可利用伤员身体进行固定，避免骨折部位移动，以减少疼痛，防止伤势恶化。

迅速躺平，抬高下肢　　　上肢骨折固定　　　　　　下肢骨折固定

图 6-9　骨折急救方法

开放性骨折，伴有大出血者，先止血，再固定，并用干净布片覆盖伤口，然后速送医院救治。切勿将外露的断骨推回伤口内。若疑有颈椎损伤，在使伤员平卧后，用沙土袋（或其他代替物）放置头部两侧（见图 6-10），使颈部固定不动。进行口对口呼吸时，只能抬下颌使气道通畅，不能再将头部后仰移动或转动头部，以免引起截瘫或死亡。

腰椎骨折应将伤员平卧在平硬木板上，并将腰椎、躯干及两侧下肢一同进行固定，预防瘫痪。搬动时应数人合作，保持平稳，不能扭曲（见图 6-10）。

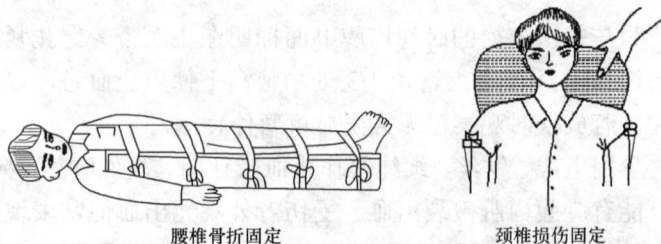

腰椎骨折固定　　　　　　　　　颈椎损伤固定

图 6-10　颈椎、腰椎骨折固定方法

（3）颅脑外伤急救。应使伤员采取平卧位，保持气道通畅，若有呕吐，应扶好头部和身体，使头部和身体同时侧转，防止呕吐物造成窒息。耳鼻有液体流出时，不要用棉花堵塞，只可轻轻拭去，以利于降低颅内压力。也不可用力擤鼻，排除鼻内液体，或将液体再吸入鼻内。

颅脑外伤时，病情可能复杂多变，禁止给予饮食，迅速送医院诊治。

（4）烧伤急救。电灼伤、火焰烧伤或高温气、水烫伤均应保持伤口清洁。伤员的衣服鞋袜用剪刀剪开后除去。伤口全部用清洁布片覆盖，防止污染。四肢烧伤时，先用清洁冷水冲洗，然后用清洁布片或消毒纱布覆盖送医院。强酸或碱灼伤应迅速脱去被溅染衣物，现场立即用大量清水彻底冲洗，然后用适当的药物给予中和；冲洗时间不少于 10min；被强酸烧伤应用 5%碳酸氢钠（小苏打）溶液中和，被强碱烧伤应用 0.5%～5%醋酸溶液或5%氯化铵或 10%枸橼酸液中和。未经医务人员同意，灼伤部位不宜敷搽任何东西和药物。在送医院途中，可给伤员多次少量口服糖盐水。

（5）冻伤急救。冻伤会使肌肉僵直，严重者深及骨骼，在救护搬运过程中动作要轻柔，不要强使其肢体弯曲活动，以免加重损伤，应使用担架，将伤员平卧并抬至温暖室内救治。将伤员身上潮湿的衣服剪去后用干燥柔软的衣服覆盖，不得烤火或搓雪。

全身冻伤者呼吸和心跳有时十分微弱，不应误认为死亡，应努力抢救。

（6）动物咬伤急救。毒蛇咬伤后，不要惊慌、奔跑、饮酒，以免加速蛇毒在人体内扩散。咬伤大多在四肢，应迅速从伤口上端向下方反复挤出毒液，然后在伤口上方（近心端）用布带扎紧，将伤肢固定，避免活动，以减少毒液的吸收。有药物时可先服用，再送往医院救治。

犬咬伤后应立即用浓肥皂水或清水冲洗伤口至少 15min，同时用挤压法自上而下将残留伤口内唾液挤出，然后再用碘酒涂搽伤口。少量出血时，不要急于止血，也不要包扎或缝合伤口。应尽量设法查明该犬是否为"疯狗"，有助于医院制订治疗计划。

（7）溺水急救。发现有人溺水应设法迅速将其从水中救出，呼吸心跳停止者用心肺复苏法坚持抢救。曾受水中抢救训练者在水中即可抢救。口对口人工呼吸因异物阻塞发生困难，而又无法用手指除去时，可用两手相叠，置于脐部稍上正中线上（远离剑突）迅速向上猛压数次，使异物退出，但也不用力太大。溺水死亡的主要原因是窒息缺氧，由于淡水在人体内能很快经循环吸收，而气管能容纳的水量很少，因此在抢救溺水者时不应"倒水"而延误抢救时间，更不应仅"倒水"而不用心肺复苏法进行抢救。

（8）高温中暑急救。烈日直射头部，环境温度过高，饮水少或出汗过多等可以引起中暑现象，其症状一般为恶心、呕吐、胸闷、眩晕、嗜睡、虚脱，严重时抽搐甚至昏迷。遇到中暑者，应立即将病员从高温或暴晒环境转移到阴凉通风处休息。用冷水擦浴，湿毛巾覆盖身体，电扇吹风或放置冰袋等方法降温，并及时给病员口服盐水，严重者送医院治疗。

（9）有害气体中毒急救。有害气体中毒开始时有流泪、眼痛、呛咳、咽部干燥等症状，应引起警惕。稍重时会头痛、气促、胸闷、眩晕，严重时会引起惊厥昏迷。怀疑可能存在有害气体时，应即将人员撤离现场，并转移到通风良好处休息。抢救人员进入险区应戴防毒面具。对于已昏迷伤员应保持气道通畅，有条件时给予氧气吸入。呼吸心跳停止者，按心肺复苏法抢救，并联系医院救治。应迅速查明有害气体的名称，以便医院及早对症治疗。

参 考 文 献

[1] 国家电网公司. 国家电网公司电力安全工作规程（变电部分）[M]. 北京：中国电力出版社，2009.

[2] 国家电网公司. 国家电网公司电力安全工作规程（线路部分）[M]. 北京：中国电力出版社，2009.

[3] 国家电网公司. 国家电网公司安全事故调查规程 [M]. 北京：中国电力出版社，2009.

[4] 赵荣. 供电企业班组安全培训教材 [M]. 北京：中国电力出版社，2008.

[5] 山西省电力公司. 新员工安全教育 [M]. 北京：中国电力出版社，2012.

[6] 中国华北电力集团公司. 农电安全规范图册 [M]. 北京：中国电力出版社，2003.

[7] 黄晋华. 供电企业班组天天安全365. 变电运行 [M]. 北京：中国电力出版社，2008.

[8] 山西省电力公司. 触电防范及现场急救 [M]. 北京：中国电力出版社，2001.

[9] 山西省电力公司. 电力安全工器具 [M]. 北京：中国电力出版社，2012.

[10] 山西省电力公司. 触电防范及现场急救 [M]. 北京：中国电力出版社，2012.

[11] 山西省电力公司. 新生产人员安全教育 [M]. 北京：中国电力出版社，2001.